重庆市成人教育系列读本

果蔬种植

GUOSHU ZHONGZHI
SHIYONG SHOUCE

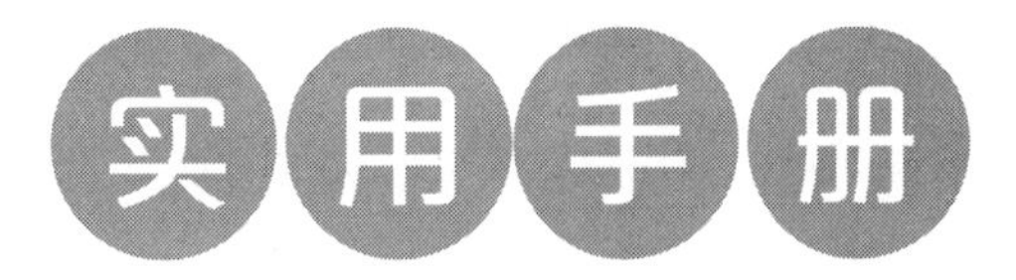

主　编　彭茂辉　陈吉裕

副主编　张文玲　吴　琼　刘　丹
　　　　冉　莉　孙　洪　陶　莉

重庆大学出版社

图书在版编目（CIP）数据

果蔬种植实用手册 / 彭茂辉，陈吉裕主编.
--重庆：重庆大学出版社，2020.5
（重庆市成人教育系列读本）
ISBN 978-7-5689-2065-0

Ⅰ.①果…　Ⅱ.①彭…②陈…　Ⅲ.①果树园艺—手册②蔬菜园艺—手册　Ⅳ. ①S66-62②S63-62

中国版本图书馆CIP数据核字（2020）第053104号

重庆市成人教育系列读本
果蔬种植实用手册
主　编　彭茂辉　陈吉裕
策划编辑：章　可
责任编辑：陈　力　　版式设计：章　可
责任校对：谢　芳　　责任印制：赵　晟

*

重庆大学出版社出版发行
出版人：饶帮华
社址：重庆市沙坪坝区大学城西路21号
邮编：401331
电话：（023）88617190　88617185（中小学）
传真：（023）88617186　88617166
网址：http://www.cqup.com.cn
邮箱：fxk@cqup.com.cn（营销中心）
全国新华书店经销
重庆华林天美印务有限公司印刷

*

开本：787mm×1092mm　1/16　印张：6.75　字数：77千
2020年6月第1版　2020年6月第1次印刷
ISBN 978-7-5689-2065-0　定价：18.00元

前　言

随着生活水平的提高，人们不再满足于在市场上购买被农药、化肥、激素催生出来的蔬菜和水果，更多的人愿意自己动手在自家庭院或阳台种植一些绿色果蔬。家庭种植是现代都市较为流行的一种生活、娱乐方式，特别受广大中老年人、小孩的喜爱，果蔬种植管理不仅能为他们日常生活提供最新鲜的蔬菜，还能使他们一边欣赏果蔬的形态和颜色，一边体验松土、播种、浇水、施肥等的趣味。本书主要为喜欢绿色种植的中老年人群介绍一些常见果蔬的种植技巧、家庭芽苗菜种植方法和家庭种植中绿色防治病虫害的有效方法。

全书分为五个部分，第一部分介绍家庭蔬菜种植的优势品种、种植方法及注意事项；第二部分介绍庭院常见果树的优势品种和养护管理方法；第三部分介绍药食同源果蔬的药用价值、品种及种植管理方法；第四部分介绍家庭芽苗菜的种植技巧；第五部分介绍家庭种植中的绿色防治方法。

本书内容全面，重点突出，可为广大菜友、瓜友及种植爱好者提供技术支持和参考。

由于编写时间仓促，书中难免存在疏漏和不足之处，敬请读者提出宝贵意见。

编　者

2019 年 11 月

目录

第一部分
家庭蔬菜种植

随着人们生活水平的提高，想吃什么样的蔬菜在市场上都可随意购买。但现在即使是在繁华的都市内，也有不少人喜欢在家中种上一些蔬菜。其实家庭蔬菜种植并不主要是为了满足人们的饮食所需，而是为人们提供一种休闲方式，就像种养花草一样。人们可以在庭院或者阳台种上一点蔬菜，一边休闲、一边观赏、一边品尝。的确，自己在家种上两行或两盆蔬菜，从种子发芽到采收食用的这个过程就是一种享受。

第一讲　黄　瓜

黄瓜，是人们餐桌上常见的蔬菜，生吃脆爽清凉，凉拌热炒更是各具风味。夏天，气候温度适宜，人们可以在阳台或庭院种上几株，既美观又实用。人们通常可以在菜市场买到已培育好的黄瓜苗，然后进行种植、管理和采收。

一、黄瓜的营养价值

黄瓜肉质脆嫩，汁多味甘，生食生津解渴，且有特殊芳香。黄瓜含水量为98%，富含蛋白质、糖类、维生素 B_2、维生素 C、维生素 E、胡萝卜素、尼克酸、钙、磷、铁等营养成分。黄瓜含有的维生素 B_1，有利于改善大脑和神经系统功能，能安神定志，辅助治疗失眠症。黄瓜中含有的葫芦素 C 具有提高人体免疫功能的作用，可达到抗肿瘤的目的。

二、常见黄瓜种类

图 1-1　白黄瓜

（一）白黄瓜

白黄瓜（图 1-1）是最早的黄瓜品种，也就是人们常说的本地黄瓜。它和其他种类黄瓜的显著区别是它的皮是黄白色的。另外，白黄瓜一般来说比其他种类的黄瓜要短，但整体来说更大，而且不容易老，即使是长得很大的白黄瓜吃起来的口感也是非常脆嫩的。

（二）青黄瓜

青黄瓜（图 1-2）是后期研发出来的杂交品种，现在市场上的黄瓜也多以青黄瓜为主。青黄瓜是青绿色的，瓜形偏长。嫩的青黄瓜是清脆爽口的，但稍微老了之后，味道就不再那么可口了。

图 1-2 青黄瓜

（三）华北黄瓜

华北黄瓜（图 1-3）也称水黄瓜，它的长势并不算很好，叶片很大，适合在湿润的环境中种植。另外，华北黄瓜的果实是比较细长的，外表的刺长得非常密集，刺的颜色为白色，表皮很薄，肉质清脆、细嫩。

图 1-3 华北黄瓜

（四）华南黄瓜

华南黄瓜（图 1-4）也称为旱黄瓜，其实这是和它的种植环境有关的。华南黄瓜的抗旱性很强，所以在干旱地区也能种植。一般情况下，华南黄瓜的果实相对较短，且比较粗壮，在外形上和白黄瓜有点相似，但颜色不同，华南黄瓜的颜色多为青色。另外，华南黄瓜的表皮较硬、刺瘤

图 1-4 华南黄瓜

少但刺多，刺的颜色为黑色，口感通常不是很好。

（五）欧洲温室黄瓜

图 1-5　欧洲温室黄瓜

欧洲温室黄瓜（图 1-5）是一种利用现代种植技术进行种植的黄瓜品种。这种黄瓜具有一个鲜明的特点，即它的果实表面是光滑没有刺的，而其他种类的黄瓜都是带刺的。另外，欧洲温室黄瓜的瓜形一般是短的或者是长棒形的。

（六）水果黄瓜

图 1-6　水果黄瓜

水果黄瓜（图 1-6）是现在市面上十分常见的黄瓜，但它一般不在菜市场出售，而是在超市与水果放在一起销售。水果黄瓜的外形是比较短小的，这种黄瓜吃起来口感很好，水分和糖分高于其他品种黄瓜，口感非常脆，关键是它长不大，因此其具有花多、果多、果实小的特点。

三、黄瓜种植方法

（一）如何选购健壮黄瓜苗

所谓的健壮苗，就是幼苗根系生发能力强、株形粗壮节间短、植株紧凑活力强、叶片舒展叶色鲜亮、移栽后缓苗速度快、环境适应能力强的幼苗。

1. 健壮黄瓜苗的标准

健壮黄瓜苗（图 1-7）株高 18~20 厘米，茎粗 0.5 厘米左右，有 4~6 片叶且子叶完整，叶片肥厚浓绿舒展，植株要求茎粗、节短、均匀；雌花刚出现或未出现，但不能吐出卷须。

（a）实生苗

（b）嫁接苗

图 1-7　健壮黄瓜苗

2. 黄瓜苗种类

常见黄瓜苗有两种，一种为实生黄瓜苗，是由黄瓜种子萌发而长成的苗；另一种为嫁接黄瓜苗，是将目标品种黄瓜嫁接到砧木上再长成的苗。嫁接能增强黄瓜的抗逆性，使其具有耐高、低温，耐涝，耐旱等特点。如果是嫁接苗，要求嫁接口愈合良好，达到 3 叶 1 心或 4 叶 1 心。

（二）黄瓜苗种植管理要点

1. 移栽

一般要求平均气温在 15 ℃左右，长江流域一般在 3 月中旬到 4 月上旬可进行移栽。移栽密度根据品种、地力、生育周期而定，一般行距 70 厘米左右，株距 30 厘米左右。

2. 浇水

在定植移栽后，应浇透一次水，以利缓苗。黄瓜苗期要控制好水分。

3. 施肥

施足底肥，增施有机肥和磷钾肥。追肥采取少量多次的方法，严格控制氮肥施用量，防止植株徒长。在生育中后期，叶面喷施 0.2% 的磷酸二氢钾 3 ~ 4 次，防止植株早衰，增强后劲。

4. 搭架引蔓

在黄瓜卷须出现时就要及时搭架引蔓（图 1-8），可以用竹竿等插在容器盆或土床中，从而搭建架子让黄瓜蔓攀爬上去。

图 1-8　黄瓜搭架

一般在株高 25 厘米左右时开始绑蔓，以后每 3~4 片叶绑 1 次，一般在瓜下 1~2 节，同时摘除卷须。采用曲蔓的绑法，可降低植株高度，抑制徒长。另外，调节绑蔓的松紧，可以实现对黄瓜生长的控制，即长势强的绑紧些，长势弱的绑松些，瓜上较瓜下绑紧些，如图 1-9、图 1-10 所示。

图 1-9　绑蔓后

（a）绑蔓机

（b）绑蔓夹

图 1-10　绑蔓机和绑蔓夹

5. 摘心

当黄瓜藤蔓已绑至架子上时，要及时进行摘心（图 1-11），一般在黄瓜长足30~35片叶时进行，摘心可促进回头瓜生长。同时也要摘掉一些老叶、黄叶。

图 1-11　黄瓜摘心

四、黄瓜种植常见问题的解决方法

（一）只开花不结果

1. 形成原因

在种植黄瓜时有时会遇到只开花不结果的情况，其常见的原因是因为刚开始长出来的是雄花，之后才会长出雌花。黄瓜的花一般是单性花，雌花花朵的花柄处会带有一个小黄瓜，而雄花只有花，花柄处不带小黄瓜，两者有很大的区别。雄花是不会结果的，它们只是作为授粉的花朵，雌花在授粉后，花柄处的小黄瓜才会长大成为黄瓜，如图 1-12 所示。

雌花

雄花

图 1-12　黄瓜雌花和雄花

2. 防治方法

如果庭院或阳台上没有昆虫授粉，那就需要自己给黄瓜授粉。授粉的方法非常简单：准备一个干净的小刷子，将雄花摘下来，先用小刷子粘一点雄花里的花粉，然后逐一将花粉涂抹到雌花上面。或者直接摘下要开未开或刚刚展开的雄花，去掉黄色的花瓣，留下里面的花药，将花药靠近雌花的柱头，轻轻涂抹一下即可。

授粉以上午 9 点左右为宜，此时花粉活性最好。一朵雄花授粉三朵雌花就粉尽花亡了，切忌贪多。

黄瓜人工授粉如图 1-13 所示。

（a）雄花花药

（b）授粉

图 1-13 黄瓜人工授粉

（二）小黄瓜变黄凋落

1. 形成原因

小黄瓜是会随着雌花长出来的，如果其间没有授粉成功，小黄瓜就会慢慢枯萎（图 1-14）。

图 1-14 小黄瓜变黄掉落

2. 防治方法

当庭院中、阳台上的蜜蜂、蝴蝶较少，或阴雨天气较多时，可以进行人工授粉。

（三）黄瓜畸形

黄瓜畸形常见，按畸形的形状可以分为5大类，即弯曲瓜、尖嘴瓜、蜂腰瓜、大肚瓜和瓜佬。

1. 弯曲瓜

黄瓜瓜条长不直，瓜条向一侧弯曲（图1-15），成“O”形或“C”形等。

（a）“O”形

（b）“C”形

图1-15　弯曲瓜

（1）形成原因

①黄瓜受精不完全，导致整个果实发育不平衡而形成弯曲瓜。营养不良，黄瓜生长势弱，或摘叶、结果过多，也会生长出弯曲瓜。

②黄瓜生长期间环境条件发生剧烈变化，如遇阴天突然放晴，高温强光引起水分、养分供应不足而生长出弯曲瓜。

③黄瓜在生长过程中，瓜条受架材及茎蔓遮阴或夹子等阻挡，不能正常伸长，导致瓜条的弯曲。

（2）防治方法

由于黄瓜是喜湿但不耐涝，喜肥但不耐肥的作物，因此，做好温度、湿度、光照及水肥管理尤为重要，要避免温度过高或过低，温差过大或过小。在发生曲形瓜的植株上，应勤浇水，施用复合肥或喷施叶面肥，这些做法能够快速补充植株所需营养，从而改善弯曲瓜。

2. 尖嘴瓜

黄瓜靠近瓜柄端粗大，前端细小，形似胡萝卜（图 1-16）。

图 1-16　尖嘴瓜

（1）形成原因

①品种不好。单性结实弱的品种，雌花没有受精，果实中没有形成种子，缺少了促使营养物质向果实运输的原动力，造成尖端营养不良，从而形成尖嘴瓜。

②肥料供应不足。在瓜条发育前期温度过高，或已经伤根及肥水不足都容易出现尖嘴瓜。

（2）防治方法

①加强水肥管理，增施有机肥料，提高土壤的供水、供肥

能力，防止植株早衰。

②合理密植，保证每棵植株有充足的营养和足够的生长空间。

③做好病虫害防治工作，防止植株遭受病虫害。

3. 蜂腰瓜

瓜条两头粗中间细，形状与细蜂体形相似，瓜心空洞（图1-17）。

图 1-17　蜂腰瓜

（1）形成原因

①黄瓜雌花授粉不完全。

②黄瓜授粉后，植株中营养物质供应不足，养分分配不足。营养与水分时好时坏，都会形成蜂腰瓜。

③瓜条生长中期高温干燥，光照时好时坏，低温多湿，多氨、多钾、缺钙等都会助长此症的发生。

④开花坐瓜前缺少硼的供应。

（2）防治方法

可在缺硼黄瓜植株的叶面上喷施硼肥，每隔7~10天喷一次，直到缺硼症状消失为止。

4. 大肚瓜

瓜把部位很细，而下部过度膨大的瓜（图1-18）。

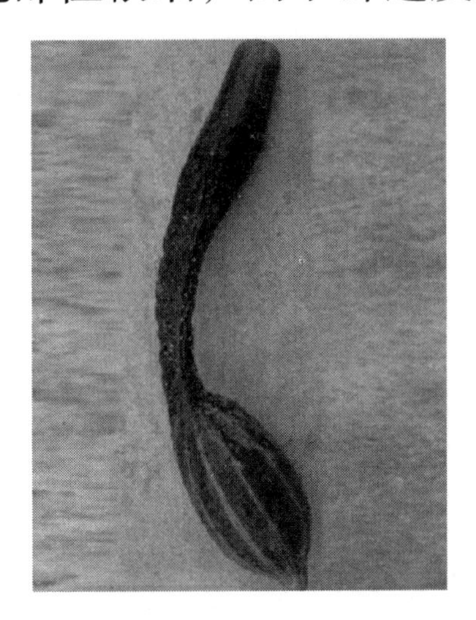

图1-18 大肚瓜

（1）形成原因

①瓜条细胞膨大时，温度高、水分大，根系吸收能力强，浇水过量，不均匀。

②黄瓜开花期出现低温、连阴雨天气、地温低等情况，造成授粉不良，授粉的先端先膨大，营养不足或水分不足，瓜顶端种子形成多，瓜条长得粗，而瓜的中下部种子少或无籽，瓜长得细，成为大肚瓜。

③土壤缺锌也会导致大肚瓜的形成。

④植株缺钾而氮肥供应过量也会产生大肚瓜。

⑤黄瓜生长前期缺水，而后期大量供水，也会产生大肚瓜。

（2）防治方法

适时适量浇水。

5. 瓜佬

结出的黄瓜很短粗，颜色淡黄，形似瓜蛋，俗称瓜佬（图1-19）。

图 1-19　瓜佬

（1）形成原因

①遭受高温。

②黄瓜花芽分化时具有雌、雄两种原基，最后是发育成雄花还是雌花由环境条件决定。在特定条件下，同一花芽的雌蕊原基和雄蕊原基都会得到发育，从而形成了两性花，即完全花。而完全花就是一个花朵里既有雄蕊，又有雌蕊，由这样的花结出的瓜，就是瓜佬。

（2）防治方法

①产生瓜佬的完全花多生于早期，要及时摘除畸形瓜，将营养供给正常瓜。

②加强水肥管理，结瓜初期每隔 5~7 天浇一次水，盛瓜期每隔 2~3 天浇一次水。

（四）瓜打顶

（1）形成原因

①土温、夜间温度偏低。

②土壤过干，肥料过多引起的伤根，土壤过湿引起的沤根，钾肥过多。

③土壤中缺乏钙元素。

瓜打顶如图 1-20 所示。

图 1-20　瓜打顶

（2）防治方法

①早春温度过低时覆盖塑料膜。

②适时适量浇水。

③补充一些含有钙元素的肥料，可以将鸡蛋壳晒干磨成粉，撒入土壤中或者给土壤补充一些骨粉。

（五）苦味瓜

黄瓜的苦味是由苦味物质葫芦碱引起的。苦味瓜的产生既有品种遗传因素，也有环境因素。其中主要的环境影响因素有：生长前期低温；生长后期时高温干旱、氮肥过多、磷钾肥不足以及根系弱而使水分吸收受到阻碍。

（六）病虫害处理

定期检查植物的叶面和叶背，如果发现有害虫要及时清理，如感染蚜虫，可直接用肥皂水兑水喷洒，或者使用水管将它们冲走。

如发现植物的叶片上感染真菌病害，就需要将这些病叶剪掉，同时避免在晚上浇水，叶片上不要长期积水，保持环境通风，多给予光照，发现杂草要及时清理，这样就能够改善真菌病害。

（七）常见缺素症状

1. 缺氮

（1）主要症状

①叶片自下而上开始变黄。

②老叶一开始为叶脉间黄化，叶脉凸出可见，最后全叶变黄。

③植株矮小，茎细，开花结果少，果实小而短，呈亮黄色或灰绿色，多刺，果实常畸形，果蒂浅黄色，品质低劣。

黄瓜缺氮如图 1-21 所示。

（2）防治方法

①移栽前施基肥时多施有机肥，如鸡粪、复合有机肥等，以改造土壤，增强土壤的保肥能力。

图 1-21　黄瓜缺氮

②地温较低时冲施或滴灌施用在农药店购买的 20–10–20、15–10–30 等硝态氮含量高的水溶肥，温度较高的季节也可以施用 30–10–10 水溶肥，同时补充磷钾肥，防止施用单一氮肥而引起黄瓜徒长。在植株生长后期根系吸收养分受限制时，可在叶面喷施 0.1%~0.5% 的尿素等。

2. 缺钾

（1）主要症状

①在黄瓜生长早期，叶缘出现轻微的黄化，首先是叶缘黄化，然后是叶脉间黄化，顺序明显。

②在生育的中、后期，中位叶附近出现和上述①相同的症状。

③叶缘枯死，随着叶片不断生长，叶向外侧卷曲。

④症状从植株基部向顶部发展，老叶受害较重。

⑤瓜条稍短，膨大不良，比正常果短而细，形成粗尾果或尖嘴瓜、大肚瓜。

黄瓜铁钾如图 1-22 所示。

图 1-22　黄瓜缺钾

（2）防治方法

每平方米基施或追施硫酸钾 22~30 克。

3. 缺钙

（1）主要症状

①植株矮化，节间短，尤其是顶部附近最为明显。

②幼叶小，叶缘黄化，并向上卷曲，逐渐从边缘向内干枯，较老的叶片向下卷曲，顶芽坏死。

③幼叶叶缘和脉间呈现透明白色斑点，多数叶片脉间失绿，但主脉仍保持绿色。

黄瓜缺钙如图 1-23 所示。

（2）防治方法

①增施有机肥，如鸡粪、兔粪、菌包等堆放腐烂 2~3 个月后即可使用，避免偏施氮肥，特别是尿素。

②防止土壤干旱，灌水后要及时松土。

图 1-23 黄瓜缺钙

③坐果且开始结小黄瓜后，可在叶面喷施 0.1% 硝酸钙或氯化钙溶液，也可喷施 1% 过磷酸钙水溶液。一般每 10~15 天喷 1 次，共 2~3 次。

第二讲 辣 椒

辣椒是人们生活中很常见的蔬菜，特别是在重庆、四川、湖南等省份更是必不可少。

一、辣椒的营养价值

辣椒可以健胃、助消化，对口腔及胃肠有刺激作用，能增强肠胃蠕动，促进消化液分泌，改善食欲，并能抑制肠内异常发酵。由于辣椒能刺激人体前列腺素 E_2 的释放，从而促进胃黏膜的再生，维持胃肠细胞功能，防治胃溃疡。常食辣椒可降低血脂，减少血栓形成，对心血管系统疾病有一定的预防作用。辣椒中含有辣椒素，可以通过扩张血管，刺激体内生热系统，有效地燃烧体内的脂肪，加快新陈代谢，使体内的热量消耗速度加快，从而达到减肥的效果。

二、常见辣椒种类

湖南、贵州、四川和重庆属嗜辣地区，是小辣椒、高辣度辣椒的主产区。辣椒的主要类型有：线椒、条椒、干椒、朝天椒、羊角椒等。现根据果实特征介绍如下。

（一）樱桃类辣椒

叶中等大小，圆形、卵圆或椭圆形，果小如樱桃，圆形或扁圆形，红、黄或微紫色，辣味甚强，制干辣椒或供观赏，如成都的扣子椒、五色椒等。樱桃椒多作为观赏品种，也可大面积种植，如图 1-24 所示。

图 1-24　樱桃类辣椒

（二）圆锥椒类辣椒

植株矮，果实为圆锥形或圆筒形，多向上生长，味辣，如仓平的鸡心椒等，如图 1-25 所示。

（三）长椒类辣椒

株型矮小至高大，分枝性强，叶片较小或中等，果实一般

图 1-25 圆锥椒类辣椒

下垂，为长角形，先端尖，微弯曲，似牛角、羊角、线形。果肉薄或厚，肉薄、辛辣味浓，供干制、腌渍或制辣椒酱，如二荆条等，如图 1-26 所示。

图 1-26 长椒类辣椒

（四）灯笼椒或柿椒类辣椒

灯笼椒或柿椒也称菜椒（图 1-27），植物体粗壮而高大。分枝性较弱，叶片和果实均较大。叶片呈圆形或卵形，长 10~13 厘米。果梗直立或俯垂，果实大型，近似球状。圆柱状或扁，多纵沟，顶端截形或稍内陷，基部截形且常稍向内凹入，味不辣而略带甜或稍带椒味。

图 1-27　菜椒

（五）簇生椒

叶狭长，果实簇生，向上生长，果色深红，果肉薄，辣味甚强，油分高，多作干辣椒栽培，晚熟，耐热，抗病毒力强。按辣椒果实形状分为三樱椒、子弹头两个系列。

1. 三樱椒

三樱椒（图 1-28）又名朝天椒，是一种辣味强、植株紧凑、椒果向上生长的簇生型小辣椒。主要品种有日本三樱椒(从日本引进)、豫选三樱椒、大角三樱椒、新一代三樱椒、七星椒(四川省自贡市地方品种)、邵阳朝天椒（湖南省邵阳市地方品种)、天宇三号(从韩国引进)、天宇五号(从韩国引进)、绿宝天仙(从美国引进)、圣尼斯朝天椒(从美国引进)等。

图 1-28　三樱椒

2. 子弹头

子弹头（图 1-29）是对椒果朝天（朝上或斜朝上）生长这一类群辣椒的统称，主要有高棵簇生子弹头、矮棵簇生子弹头。

图 1-29　子弹头辣椒

三、辣椒种植方法

（一）辣椒苗的要求

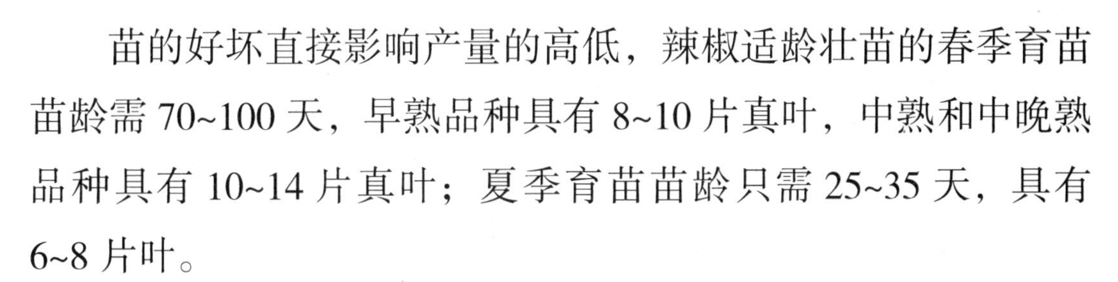

1. 辣椒叶片数要求

苗的好坏直接影响产量的高低，辣椒适龄壮苗的春季育苗苗龄需 70~100 天，早熟品种具有 8~10 片真叶，中熟和中晚熟品种具有 10~14 片真叶；夏季育苗苗龄只需 25~35 天，具有 6~8 片叶。

2. 辣椒壮苗的外部形态标准

①植株挺拔健壮，苗高 15~20 厘米，叶片舒展，叶色绿，

有光泽。

②茎粗 0.4~0.5 厘米，节间较短。

③第一花序现蕾。

④根系发达。

⑤无病虫症状。

健壮辣椒苗如图 1-30 所示。

图 1-30　健壮辣椒苗

（二）移栽

1. 土的要求

移栽（图 1-31）辣椒苗的土可以是普通土，若底肥不足，补足底肥即可使用。但添加的底肥一定要是腐熟的肥料，如鸡粪、鸭粪、兔粪等，或饼肥、菌包、厨余、蛋壳等。

2. 盆栽要求

开花之前的小苗随时都可以移栽。准备 50~60 厘米深的容器，移栽要选择在盆土半干半湿时进行，要带土换盆，避免弄伤根茎。可以直接种到花盆或者庭院中的土床里。如果花盆直

图 1-31　辣椒移栽 1

径为 10 厘米，种一株即可；若花盆直径在 15 厘米以上，则可以一个花盆种植两株。在庭院的土床中可以一穴种 1~2 株。

如果是选择花盆种植辣椒，就需要制作一个支架，避免辣椒倒伏，可以选择一根坚硬的木棒直接插入土壤中，但应注意不要弄伤根系而影响辣椒苗的生长。

（三）浇水

1. 花盆要求

一定要选择底部带有孔或洞的花盆，以便于在浇水时防止积水现象发生。如果发生积水，辣椒苗根部会发生腐烂，从而导致整株植物的死亡。

2. 定根水

刚移栽种好的辣椒苗一定要将水浇透，这种做法称为浇定根水。只有把根定好，辣椒苗以后的生长过程才会顺利。

3. 浇水量

浇水时（图 1-32）一定要控制好量，不要浇水过多。只有控制好水分才能促进植物根系的生长，促进植物开花坐果。在开花坐果期时一定要提供充足的水分，从而提高产量与质量。

4. 浇水时间

中午时分，自来水与土壤温度相差较大，浇水后易炸根，对根系生长不利。建议下午 5 点后浇水，最好是早上浇水，此时水温和地温差距小。

（四）施肥

辣椒长到大约 7 片叶子时，就开始迅速生长了，此时可进行适当施肥，促进其生长，这时可撒施颗粒型有机 - 无机复混肥料（图 1-33）。

图 1-32　辣椒移栽 2

图 1-33　肥料

（五）打尖

打尖（图 1-34）也称掐顶，或者是辣椒摘心，即将顶部的嫩芽掐掉，这样不仅可以促使植株长出更多的茎，还能控制株形，有利开花结果。

图 1-34　辣椒打尖

1. 打尖时间

每年 5 月下旬到 6 月上旬，植株有 12~14 片叶子时应及时打尖。打尖也不必拘泥于这个时间段，如果主茎不再生长，也可进行掐蕾打尖。

2. 打尖原则

打尖要把握好只掐顶花，不伤叶片，并配合水肥管理才能持续发挥打尖的好处；在打尖后要及时浇水，同时配合少量速效氮肥（如尿素），以满足侧枝生长发育的水肥要求；如果移栽时苗龄过大，就要提早打尖。

3. 打尖注意事项

①注意器具消毒。在打尖过程中需要将打尖器具，例如剪刀放入 75% 酒精进行消毒，也可以用高度白酒代替，每剪几棵，便用酒精喷洗一次或擦一次，防止病害传染。

②注意掐蕾不掐叶。如果扣心打尖，会造成辣椒下部营养过多，花蕾不足，影响辣椒产量。

③配合水肥管理。如果底土较为干燥，生长条件较为恶劣，则应在给辣椒适当浇水施肥之后才进行打尖处理。

④辣椒打尖并不一定适合所有的辣椒品种，如菜椒或者是其他经过选育的不用进行打尖的辣椒品种就不需要进行打尖操作。

（六）绑蔓

当种植的不是矮生品种辣椒时，建议用绳子将盆栽或地栽辣椒植株绑在支架上（图 1-35）。方法同前面的黄瓜绑蔓，要求绑得不能过紧，既要使茎秆有一定的活动空间，又要保证植株不倒伏。

图 1-35　辣椒绑蔓

四、辣椒种植注意事项

辣椒在夏季容易出现病虫害，是影响辣椒产量和品质的主要原因。辣椒的病虫害可在整个生长期发生，预防好病虫害是保证生产优质辣椒的基本保障。

普通虫害可以用平时家里的常见物解决，如烟草液。烟草内含有烟碱，对蚜虫、红蜘蛛、蚂蚁等有很强的触杀作用，也具有熏蒸和胃毒的作用。取烟草末或烟丝 20 克，加水 500 克浸泡 24 小时后过滤，在滤液中再加入 2% 的肥皂水 500 克，喷于有虫患的叶面；也可不加肥皂水直接将滤液喷于盆土及盆底周围，可杀土壤中害虫。

同时，要及时清理病株、病叶和烂果，防止病害更为严重。

第三讲　生　菜

生菜（图 1-36）即叶用莴笋，因适宜生食而得名，质地脆嫩，口感鲜嫩清香。在人们肉类食用量明显增加的时代，生菜能给人带来清爽利口的美好感受，颇受人们喜爱。

图 1-36　生菜

一、生菜的营养价值

生菜中含有的营养元素非常多，如胡萝卜素、维生素等，都具有抗氧化的作用。每天适当地进食一些生菜，能够及时补充身体所需的多种营养物质，让细胞老化的速度变慢，从而达到抗衰老的目的。

生菜里面的膳食纤维和维生素 C 含量都非常高，有利于消除身体里多余的脂肪，具有一定的减肥作用。另外，生菜水分充足，营养价值高，低脂低热量，因此具有“美容菜”的称号。

同时，经常进食生菜有助于改善胃肠道消化功能，加快胃肠道血液流通速度。在进食过多肉制品的同时进食一点生菜，能够帮助人体消化吸收，避免脂肪堆积。

生菜中含有的甘露醇能将血液中的垃圾清除，同时也能将肠道里面堆积的毒素去除，可有效防治便秘。

生菜中含有的矿物质元素也较多，如钙、铁等，钙是骨骼和牙齿发育所必须的营养物质，同时也能有效预防佝偻病；而铁元素有利于血色素的形成，可以有效避免人们出现胃口不佳、贫血等异常现象而影响他们的健康。

综上所述，生菜适用于胃病、维生素 C 缺乏者食用；适用于肥胖、减肥者食用；适用于高胆固醇、神经衰弱者、肝胆病患者食用。生食、常食可有利于女性保持苗条的身材。

二、常见生菜种类

生菜的品种很多，如玻璃生菜、嬉前、皇帝、结球生菜、紫叶罗莎生菜、花叶生菜、大湖 336 等，在种植时需根据具体情况选择适宜品种栽种，具体如图 1-37 所示。

（一）玻璃生菜

株高 25 厘米左右。叶簇直立生长，叶片黄绿色，散生，倒卵形，有皱褶，带光泽，叶缘波状，中柱白色，叶群向内微抱，但不紧密，叶片易擗，脆嫩爽口，略甜，品质上乘，单株重 300~500 克，净菜率高。

（二）结球生菜

属早熟品种，生育期为 85~90 天。叶片中等大小，绿色，外叶小，叶面微波，叶缘缺刻中等，叶球中等大小，很紧密，球顶部较平，单球平均重 500 克左右，品质优良，质地脆嫩，耐热性好，可做越夏遮阴栽培。

（三）紫叶罗莎生菜

紫色散叶品种，株型漂亮，叶簇半直立，株高 25 厘米，开展度 20~30 厘米，叶片皱，叶缘呈紫红色，色泽美观，叶片长椭圆形，叶缘皱状，茎极短，不易抽薹，口感好，是品质极佳的高档品种。喜光照及温和气候条件，适应性强，适宜在春、秋、冬季保护地和露地种植。

（a）玻璃生菜

（b）结球生菜

（c）紫叶罗莎生菜

图 1-37　常见生菜种类

三、生菜种植方法

（一）播种

1. 撒播

在平整的床土上，先浇透水，待水渗下后撒播种子［图 1-38（a）］，由于种子较小，可掺入种子体积 4~5 倍的潮湿细沙进行混播，以保证播种均匀，播后覆土 0.5 厘米厚。

2. 点播

在苗床上按（4~6）厘米 ×（4~6）厘米见方打上穴，然后点播［图 1-38（b）］，每点 2~3 粒；若种子成熟度好，可单粒播种，并覆土 0.5 厘米厚。

（二）覆膜

气温较低时在覆土后平铺地膜，有利于保温保湿，便于种子萌发。在 15~20 ℃的温度条件下，铺膜 1~2 天后大部分种苗顶土时，及时揭去地膜。

（a）撒播

（b）点播

图 1-38　生菜播种

（三）间苗

真叶出现后要及时间苗。在生菜长到 2~3 片叶时分苗 1 次，移植的行株距为 4~6 厘米见方，点播的可不分苗。

（四）移栽

定植时（图 1-39），长叶生菜可适当密些，行株距 20~25 厘米，结球生菜的行株距为 30~40 厘米。带土坨定植。定植深度以土坨与地面持平为宜。将土稍压紧使根部与土壤充分密接，埋土不可过深而压住心叶，否则影响正常生长。

图 1-39　移栽定植

四、生菜种植注意事项

①移植的生菜必须保持10厘米以上的距离，并且需要充足的水分，这样才可以使生菜的存活率更高。这时用一些塑料薄膜进行遮盖，使其不受阳光的暴晒，可增加生菜的存活率，因为生菜会在强光的照射下死亡。

②如生菜叶子在生长的过程中发黄，即说明供给生菜的营养物质不足，这时可以利用一些化肥溶水进行浇灌。

③虽然生菜的适应能力非常强，但也应选择稀松的土壤进行种植，同时还应该浇充足的水，浇水时必须要浇透，才有利于生菜的正常生长。

第四讲　香　菜

香菜（图1-40）又名芫荽，其叶质薄嫩，营养丰富，生食清香可口，且生长期短，产量高。一般不发生病虫害，故不使用农药，可以说是无污染蔬菜。香菜四季均可种植，但不耐高温，喜温凉，高温季节栽培，易抽薹，产量和品质都会受影响，应以秋种为主。大田、园田、阳台、庭院均可种植，房前屋后也可种植。

图 1-40　香菜

一、香菜的营养价值

香菜内含有维生素 C，胡萝卜素，维生素 B_1、B_2 等，同时还含有丰富的矿物质和多种挥发油，其特殊的香气就是挥发油散发出来的，因此能祛除肉类的腥味。其含有的挥发油有甘露醇、正葵醛、壬醛和芳樟醇等，可开胃醒脾。香菜性温，具有发汗透疹、消食下气、醒脾和中的功效。麻疹初期的透出不畅以及食物积滞、胃口不开、脱肛等病症，都可通过食用香菜来缓解症状。

二、常见香菜种类

常见香菜种类有山东大叶香菜、北京香菜、原阳秋香菜、白花香菜、紫花香菜，如图 1-41 所示。

（一）山东大叶香菜

山东地方品种。株高45厘米，叶大、色浓、叶柄紫、纤维少、香味浓、品质好，但耐热性较差。

（二）北京香菜

北京市郊区地方品种，栽培历史悠久。嫩株高30厘米左右，开展度35厘米。叶片绿色，遇低温绿色变深或有紫晕。叶柄细长，浅绿色，每亩（667平方米，下同）产量为1 500~2 500千克，较耐寒耐旱，全年均可栽培。

（三）原阳秋香菜

河北省原阳县地方品种。植株高大，嫩株高42厘米，开展度30厘米以上，单株重28克，嫩株质地柔嫩，香味浓，品质好，抗病、抗热、抗旱、喜肥。一般每亩产量为1 200千克左右。

（四）白花香菜

白花香菜又名青梗香菜，为上海市地方品种。香味浓，晚熟，耐寒、喜肥，病虫害少，但产量低，每亩产量为600~700千克。

（五）紫花香菜

紫花香菜又名紫梗香菜。植株矮小，塌地生长。株高7厘米，开展度14厘米。早熟，播种后30天左右即可食用。耐寒，抗旱力强，病虫害少，一般每亩产量为1 000千克左右。

（a）山东大叶香菜

（b）北京香菜

（c）原阳秋香菜

（d）白花香菜

（e）紫花香菜

图 1-41 常见香菜种类

三、香菜种植方法

（一）播种要求

香菜种子（图 1-42）为半球形，外包一层果皮。播前先把种子搓开，以防发芽慢和出双苗，影响单株生长。

适宜播种期是 9 月下旬—10 月中旬，最迟不晚于 10 月末。条播行距 10~15 厘米，开沟深 5 厘米；撒播开沟深 4 厘米。条播、撒播均覆土 2~3 厘米。

（a）香菜种子　　（b）搓开的香菜种子

图 1-42　香菜种子

香菜苗如图 1-43 所示。

图 1-43　香菜苗

（二）土壤要求

选择土壤应是保水保肥性能好、通透良好、肥沃疏松、五年以上未种过香菜的壤土地，切不可重茬。可利用早西红柿、黄瓜、四季豆等为前茬。前茬收后，及时清除作物残体，以减少病虫害发生。

（三）香菜播种流程

1. 浸种

先浸泡香菜种子，在种植之前还需再用 40 ℃左右的温水浸泡（图 1-44）。在浸泡几个小时后，可搓洗种子，将种夹搓开，这样出芽率才会更高，而且发芽速度才会更快。

（a）浸种

（b）出苗

图 1-44　香菜浸种及出苗

2. 播种

播种好后，浇一次透水，然后盖上塑料薄膜，再将其放在光线充足的地方，切忌不能阳光直射，这是为了避免温度过高而影响发芽。一旦发现香菜发芽应拿去薄膜。

3. 浇水

盆栽香菜需水量少，一般在香菜苗长至 10 厘米时，间隔一周左右浇一次水，注意不要浇太多，以防止根系积水缺氧。

4. 追肥

香菜长至 10 厘米时是其长势最旺的时段，需追施一些氮肥，如有尿素可以用施一平勺兑 500 毫升水后随水浇灌，香菜整个生长期施 1~2 次即可。

四、香菜种植注意事项

香菜有着较高的抗病能力，发生病害的概率较小，但夏季是病虫害的高发期，而香菜大多数都是在室外种植，就算香菜的抗病虫害能力强，也抵不住害虫的侵蚀，所以必须重视病虫害防治。如果香菜被害虫侵蚀了，那就应该喷洒杀虫剂，一周喷洒一次即可。就算喷洒了杀虫剂也不能放松警惕，应该经常对菜园进行喷洒，并及时处理残枝，减少香菜病虫害发生。

第二部分
庭院常见果树管理

庭院面积比较大时，可在院子里开垦一个小菜园，种植几棵果树，是不错的选择。这样不仅能修身养性，还能吃到自己亲手栽种的果实，可以愉悦身心。其实很多果树都非常适合栽种在院子里，在重庆地区推荐种植柑橘、葡萄、草莓等水果。

第一讲　柑　橘

随着人们生活水平的提高，越来越多的人喜欢在自家阳台、庭院种植柑橘。中国是柑橘的重要原产地之一，又因“橘（桔）”同“吉”，寓意大吉大利，尤其受人们欢迎。

一、柑橘营养价值

柑橘以富含维生素 C 而著称，其所含的维生素 P 能增强维生素 C 的作用，从而强化末梢血管组织，柑橘中的橙皮甙等也有降低毛细血管脆性的作用，高血压与肥胖症患者食之非常有益。

柑果味甘酸而性凉，能够清胃热、利咽喉、止干渴，为胸膈烦热、口干欲饮、咽喉疼痛者的食疗良品。

柑皮与橘皮一样，含有橙皮甙、川陈皮素和挥发油等。挥发油的主要成分为柠檬烯、蒎烯等，因其功同陈皮故称为广陈皮。祛疾平喘作用弱于陈皮，和中消食顺气的作用则强于陈皮。

柑果能入膀胱经，《开宝本草》记载其有利尿作用；柑核性温，有温肾止痛，行气散结作用，是治疗肾冷腰痛、小肠疝气、睾丸偏坠肿痛的良药。

二、常见柑橘品种

1. 无核沃柑

无核沃柑（图 2-1）生长势强、高糖、肉脆、多汁、味浓、无籽、越冬落果少、成熟后挂树期长。单果重 120 克左右，可溶性固形物为 13.5%。果实扁圆形，果皮较光滑，皮薄易剥离。3 月上旬成熟，可以挂树到 4 月上旬。

图 2-1　无核沃柑

2. 茂谷柑

茂谷柑（图 2-2）糖度高、风味佳且浓郁、皮薄多汁。单果重 150 克左右，可溶性固形物为 15.0%，酸度 0.6%~1.0%，风味极佳。果实扁圆形，果型整齐，果皮光滑，橙黄色。3 月中旬开花，次年 2—3 月成熟。

图 2-2　茂谷柑

3. 爱媛 38 号

爱媛 38 号（图 2-3）单果重 200 克，易剥皮。含糖 15%，含酸 0.5% 以下，无核，清香爽口，风味极佳。果实圆形或卵圆形，果皮薄而光滑，果皮深橙色，果肉橙色，外形美观。果实 9 月上旬开始着色转黄，10 月下旬—11 月上旬完全着色。该品种肉质极细嫩化渣，入口即化，有果冻橙的美誉。

4. 大雅柑

大雅柑（图 2-4）单果重 290 克，阔卵圆形。充分成熟后可溶性固形物为 19%~22%，无核，丰产。成熟果实果面黄色，光滑，富光泽，油胞细密，果皮较薄，无核。易剥皮，汁多味浓，果肉脆嫩化渣，风味浓郁，口感好，有香气，品质优。采收期 1 月下旬—3 月中旬，越晚采收品质越好。

图 2-3　爱媛 38 号

图 2-4　大雅柑

5. 塔罗科血橙

塔罗科血橙（图 2-5）单果重 150 克左右，果实倒卵形或短椭圆形。可溶性固形物为 12.8%，有玫瑰香味，口感极好。种子极少或无。果面橙红、较光滑，果肉色深或紫红色，极为美观。口感细嫩化渣，甜酸适口，香气浓郁。果实次年 1—2 月成熟，耐贮藏。

图 2-5　塔罗科血橙

三、柑橘种植方法

（一）整形修剪基本操作

果树整形修剪所使用的基本操作方法有7种，见表2-1。

表 2-1　整形修剪基本操作方法

基本操作	对　象	作　用	修剪反应
摘心	枝梢顶芽	控制枝梢长度	促发侧枝
短截	一年生枝	控制枝梢长度	促发侧枝
疏除	所有枝梢、病虫、枯、老、弱、下垂交叉等	控制枝梢数量	增强通风透光
回缩	多年生枝	控制枝梢长度	促进枝梢更新
撑拉坠	角度不好的枝梢	控制枝梢角度	缓和树势，提前结果
抹芽	夏芽、秋芽	控制夏秋芽和枝的发生	减少养分消耗，枝梢生长更加健壮
放梢	幼树枝稍或秋梢	扩大树冠	树盘面积增加

（二）操作要点

1. 摘心

摘心（图2-6）是指将枝梢顶部2~3个节或者5~10厘米部分剪去。此做法可以控制枝梢的长度，增加枝梢的粗度，并促进侧枝的萌发和生长。

图 2-6　摘心

2. 短截

短截（图2-7）是指将一年生枝剪

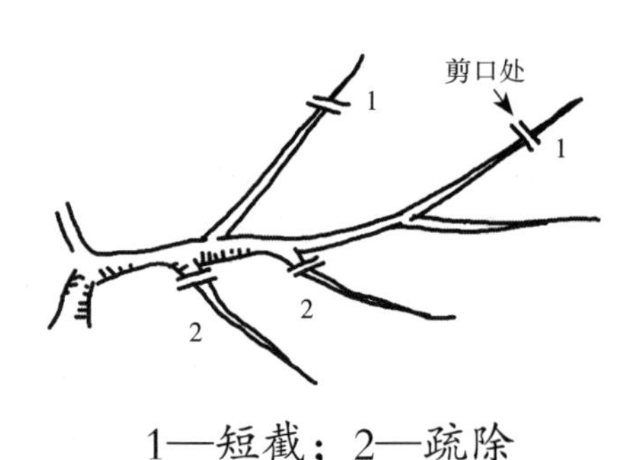

1—短截；2—疏除

图 2-7　短截与疏除

去一部分。按照剪去部分占整个枝梢长度的比例分为轻度短截（少于1/4）、中度短截(1/4~1/3)、重度短截(1/3~1/2)和极重度短截(超过1/2)。短截可以控制枝梢的长度，增加枝梢的粗度，并促进侧枝的萌发和生长。

3. 疏除

疏除（图 2-7）是指将整个枝梢从基部剪去。疏除可以控制枝梢的数量从而调节枝梢的密度，增强通风透光效果。

4. 回缩

回缩是指将多年生枝或主枝剪去一部分。按照剪去部分占整个枝梢长度的比例分为轻度回缩（少于 1/4）、中度回缩(1/4~1/3)、重度回缩(1/3~1/2)和极重度回缩(超过 1/2)。回缩可以控制枝梢的长度，并促进被剪枝梢上前部的芽萌发，起到对衰退大枝的更新作用。

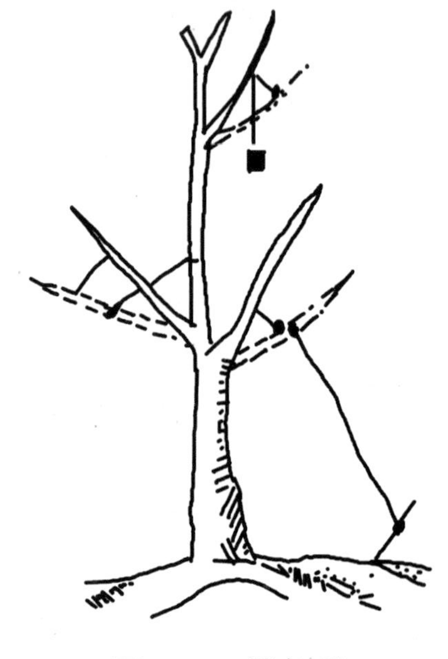
图 2-8　撑拉坠

5. 撑拉坠

撑拉坠（图 2-8）是指以木棍、竹竿、绳索等材料对主枝位置进行调节的方法。撑拉坠可以控制各枝梢间和主枝与主干间的角度，一般拉枝角度为 45° ~60° 。

6. 抹芽

抹芽是指在新芽刚刚萌发时将芽抹去的方法。抹芽主要抹去的是夏芽，从而起到控制夏梢数量的作用。

7. 放梢

放梢是指不对枝梢进行修剪，任其自然生长。放梢常用在幼树初期枝梢不足，枝梢长度也不足时。当所放枝梢生长后，可起到扩大树冠的作用。

四、柑橘种植注意事项

（一）施肥

倡导使用复合肥、有机肥、生物肥和微生物肥，合理施用无机肥，限制使用化学肥。施肥方法与幼年树相同，施肥时间、施肥量和元素不同，具体见表 2-2。施肥量可以根据幼树期施肥量按照树龄增加的方式计算。若表 2-2 中的施肥时期遇到两个时期重叠，则可以二肥合一，一次性将两个时期需要的肥料施完。

表 2-2　成年树施肥情况表

施肥时期	元素种类	施肥方法
春梢抽发期	氮素为主	土壤沟施
花期	磷钾为主，增加硼、钙	土壤沟施、叶面喷施
幼果期	磷钾为主，增加钙	土壤沟施、叶面喷施
转色期	磷钾为主	土壤沟施、叶面喷施
冬季清园后	氮磷钾均衡	土壤沟施

（二）水分管理

要求灌溉水无污染。在雨季注意及时排水，避免积水烂根。花期和幼果期如遇旱则每 10 天灌水一次；伏旱时每 7 天灌水一次；秋旱及时灌水；冬旱半月至一月灌水一次。花芽分化阶段适当减少水量，有利于花芽分化，从而提高来年的花量。

第二讲　葡　萄

在庭院中种植葡萄需要满足几个条件：第一要容易种植，管理起来比较简单；第二要结果比较多，并且果实口感好；第三要美观，在庭院或阳台中能够起到美化居住环境的作用。

一、葡萄的营养价值

葡萄中含有丰富的铁元素，此外还含有很多的葡萄糖成分，这些物质有益于人体健康，特别是对于气血虚弱或者是心悸盗汗的病症，能够起到很好的改善作用。另外，出现贫血症状的人通过吃葡萄可以改善贫血症状，所以经常吃一些葡萄可以起到补血益气的作用。

葡萄中的黄酮类化合物对阻止血栓形成是非常有效的。经研究测定，葡萄中的营养成分要比阿司匹林更能阻止血栓形成，同时还能够起到有效降低血清胆固醇的作用。如果存在一些心脑血管的疾病，那么可通过吃葡萄来进行调节，因为葡萄不仅能够预防血栓，还能够降低胆固醇。

葡萄是一种可以美容护肤的水果，因为在葡萄中含有大量的花青素，花青素具有抗氧化作用，能够清除人体内的自由基，长期食用可以延缓衰老。如果皮肤不是很好，比较干燥或者是缺少水分，也可以适当地吃一些葡萄来进行调节。

二、常见葡萄种类

1. 巨玫瑰

巨玫瑰品种葡萄（图 2-9）果穗大，平均果穗重 514 克，最重可达 800 克。果粒大，椭圆形，平均粒重 9 克，最大粒重 15 克，果粒整齐。果皮呈紫红色，果粉中等。果皮中等厚，果肉软，多汁，果肉与种子易分离，无明显肉囊，具有较浓的玫瑰香味，可溶性固形物含量为 18%，品质上等。每颗果粒含种子 1~2 粒。

图 2-9　巨玫瑰

2. 维多利亚

维多利亚品种葡萄（图 2-10）果穗大，较紧凑，平均 630 克，最重可达 2 000 克。果粒大，平均粒重 11.6 克，最大 18 克。果

图 2-10　维多利亚

肉硬脆，味甜爽口，含糖量 16%，含酸 0.45%，品质上等，充分成熟后果粒为黄色。

南方地区 7 月中下旬成熟，比巨峰葡萄早熟 20 天左右。丰产性很强，属优良的大粒早熟品种。

3. 红地球

图 2-11　红地球

红地球品种葡萄（图 2-11）是红提的主要品种。平均穗重 500 克，最大穗重可达 1 000~1 200 克，最大粒重 15 克。红地球葡萄果皮较厚，暗紫红色，果肉硬、脆、甜，果粉不易脱落，极耐储运。7 月下旬—8 月中旬成熟。

三、葡萄的种植方法

1. 整地沃土

葡萄喜欢通风良好的沙壤土，因此适合在洪泛区和丘陵沙地种植。为了实现高质量和高产量，肥沃的土壤是关键。土壤深度必须在 60 厘米以上，土壤有机质在 2% 以上，这就需要通过结合全园深翻、动物粪便等腐烂的有机肥料和普施发酵的腐烂农作物秸秆来实现。

2. 挖穴栽植

葡萄种植通常在秋季后至上冻前进行，越早越好。行间距为2~3米，间距为0.5~0.8米，以便于机械喷洒。在种植幼苗之前，应剪去苗木枯桩，并将长根切成20~30厘米，然后将其浸泡在清水中24小时，使其充分吸收水分。种植幼苗时，先将幼苗的根部分散到周围区域，拉伸根部，然后覆盖土壤，使根部与土壤紧密结合。种植深度应适宜，一般来说，嫁接苗在土壤中覆盖到嫁接界面、切割深度即为合适。如果深度太深，将不利于幼苗生长；如果太浅，根系很容易暴露在地面并且风干，也不利于幼苗成活。种植后，渗透一次水，最好用塑料薄膜覆盖，以利于提高地温和水分，促进根系生长，种植时，一般不要在洞中施肥，以防止烧根。

3. 篱架固定

篱架一般采用单栅栏框架，一是便于通风透光，提高浆果质量；二是便于田间管理和机械化喷洒、打顶、收割等，从而节省人力。架面与地面垂直，形似篱笆，故称篱架，因其架直立，又称立架。每行1个架面，架高依行距而定，行距2米时，架高1.2~1.5米，框架高度为1.5~1.8米；当行距为3米时，架高1.5~1.7米，框架高度约为2米。在行中每隔6米设一个柱子，在柱子上每隔50厘米拉一根水平不锈钢丝，以便更好地固定篱架。

4. 水肥管理

严格把握"成活在水，壮树在肥"的原则，追肥应遵循"先少后多"的原则。施肥的种类和频率为：6月底前施氮肥（尿素、人畜粪便等）2次，每亩施尿素40千克。7—8月，施用复合肥两次，每亩25千克。9—10月，主要施用有机肥，每亩3立方米，上述复合肥100千克，加入5千克钙、硼、锌微肥。

宜3~5次外部追肥，喷洒0.3%尿素加0.3%磷酸二氢钾，并结合使用杀虫、杀菌剂使用，注意叶背、叶面都要精心喷洒。

5. 整形修剪

在春季发芽前留下两个健壮的芽，其余的芽全部剪掉。当新芽长到13~15片叶时，架面外部留1~2个次级新梢，次级新梢尖端重复留2~3片叶摘心。同时，有必要及时去除卷须，以防止营养物质的消耗和过度滥爬。需要及时将新梢绑到铁丝上，力求均匀分布并合理占用空间，注意不要绑得太紧，以防勒伤新梢。

6. 葡萄上架

家庭种植葡萄多采用棚架种植（图2-12），棚架葡萄宜采用龙干形树形，即一个或两个主干，而后主蔓上架。

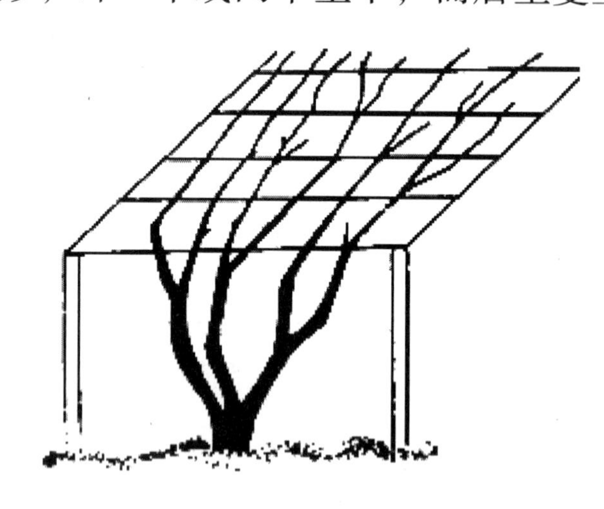

图2-12 棚架葡萄主干、主蔓上架示意图

四、葡萄种植注意事项

葡萄的花为圆锥花序，因此葡萄的花期管理相对复杂，主

要有下述内容。

1. 疏花序

图 2-13　葡萄疏花序

当葡萄树体弱、花序过多时，应将弱小、畸形和过密的花序疏去（图 2-13）。树体正常时，根据结果枝强弱程度，可采取“壮二、中一、弱不留”的原则疏除花序，即健壮结果枝留两个花序，中庸结果枝留一个花序，细弱结果枝不留花序。

2. 摘穗尖和花序整形

应在花开前一周自由摘去花序先端 1/5~1/4 的穗尖，并疏去部分基部小穗。

3. 授粉

由于家庭种植可能造成传粉不利，因此需要采用人工辅助授粉。通常可采用人工振动传粉、鸡毛掸授粉等方法传播花粉，或在庭院中释放传粉昆虫。

4. 疏果粒

花后 2~4 周内进行 1~2 次疏果粒，将畸形果粒全部疏除（图 2-14），过密果粒去除一部分。

5. 果穗套袋

在完成疏果粒的工作后，还应根据病虫害发生情况进行相应防治后套袋（图 2-15）。葡萄套袋需选择单层透光纸袋。注意，套袋时要将果袋充分撑开，以免损伤果粒。

图 2-14　葡萄疏果粒

图 2-15　葡萄套袋

第三讲　草　莓

草莓是多年生草本植物，适合在房前屋后、室内、阳台等处作为观赏性盆栽。家庭在阳台或庭院种植草莓，不仅可以引发孩子无限遐想，还可以增添不少的生活情趣。

一、草莓的营养价值

草莓富含氨基酸、果糖、蔗糖、葡萄糖、柠檬酸、苹果酸、果胶、胡萝卜素、维生素 B_1、维生素 B_2、烟酸及矿物质钙、镁、磷、钾、铁等，这些营养物质对人体生长发育具有很好的促进作用，对老人、儿童的身体健康大有裨益。国外学者研究发现，草莓中的有效成分可抑制肿瘤的生长。每百克草莓含维生素C 50~100毫克，比苹果、葡萄高10倍以上。科学研究已证实，维生素C能消除细胞间的松弛与紧张状态，使皮肤细腻有弹性，同时可使脑细胞结构坚固，对脑和智力发育有着重要影响。饭后吃一些草莓，可分解食物脂肪，有利消化。

二、常见草莓种类

1. 红颜

红颜草莓（图2-16）平均单果重26克。果面深红色、富有光泽，果面平整，种子分布均匀，稍凹于果面，黄色、红色兼有。可溶性固形物含量为11.8%，果肉较细，甜酸适口，香气浓郁，品质优。

图2-16　红颜

2. 章姬

章姬草莓（图2-17）果实整齐呈长圆锥形，果实健壮，最大单果重40克，单果大、畸形果少。可溶性固形物含量为9%~14%，味浓甜。果面色泽鲜艳光亮，果肉淡红色、香气怡人，柔软多汁。缺点是

图2-17　章姬

果实太软，不耐储存和运输。

三、草莓种植方法

（一）草莓栽植深度

栽植草莓时需注意栽植深度，不宜过深也不宜过浅（图 2-18）。栽植时间可在春秋二季，但是家庭盆栽通常选择春季栽植，株距 18 厘米，一般在 6—7 月结果。

图 2-18　草莓栽植深度（中间为合适）

（二）施肥

草莓全生育期都要合理施肥，以保证植株生长健壮，并且开花多，坐果多，果实大，口感好，产量高。多施有机肥，如家里的淘米水、洗鱼水等均可，在使用时将其放置一周之后即可作为肥料使用。一般每 7 天给草莓上一次肥料，施肥浓度宜偏低。

（三）浇水

草莓定植后，要小水勤浇，盆里保持湿润即可。在夏季，一般每天浇水两次，早、晚各一次，果盆放在阴凉处。

四、草莓种植注意事项

草莓在生长过程中的植株管理是在有叶片枯黄时将其摘除，还需要在有匍匐茎出现时将匍匐茎摘除。盆栽时若果实在盆外则无须垫果，若果柄较短果实在盆土上则需要用锡箔纸或薄膜垫在果实下面，以免果实受到泥土污染和病虫危害。

第三部分
药食同源
果蔬家庭种植

“药食同源”是指许多食物本身就是药物，它们之间并无绝对的分界线。《淮南子 · 修务训》称 :“神农尝百草之滋味，水泉之甘苦，令民知所避就。当此之时，一日而遇七十毒。”可见神农时代药与食不分，无毒者可就，有毒者当避。中国中医学自古以来就有“药食同源”（又称为“医食同源”）理论。这一理论认为：许多食物既是食物也是药物，食物和药物一样同样能够防治疾病。原卫生部公布的《关于进一步规范保健食品原料管理的通知》（卫法监发〔2002〕51 号）中，对药食同源物品、可用于保健食品的物品和保健食品禁用物品做出了具体规定。现在来了解以下几种药食同源的果蔬。

第一讲 百 合

百合，又名强蜀、番韭、山丹、倒仙、重迈、中庭、摩罗、重箱、中逢花、百合蒜、大师傅蒜、蒜脑薯、夜合花等，原产于中国。药食同源的百合是指卷丹、百合和细叶百合，食用部位是它们的肉质鳞叶，都是百合科百合属多年生草本球根植物。

中医认为百合性微寒平，具有清火、润肺、安神的功效。食用可清蒸、爆炒，熬粥煮汤，乃至沏茶养身都是美茗佳肴，因此很受消费者青睐。

一、百合的营养价值

1. 润肺止咳

百合鲜品含黏液质，具有润燥清热的作用，中医用之治疗肺燥或肺热咳嗽等症常能奏效。干品百合作粉煮食有滋补营养之功，鲜品有镇静止咳的作用，适用于体虚肺弱、慢性支气管炎、肺气肿、肺结核、咳嗽咯血等病症。

2. 宁心安神

百合入心经，性微寒，能清心除烦，宁心安神，用于热病后余热未消、神思恍惚、失眠多梦、心情抑郁、喜悲伤欲哭等病症。

3. 美容养颜

百合除含有蛋白质21.29%、脂肪12.43%、还原糖11.47%、淀粉1.61%以及钙、磷、铁等，以及每百克含1.443

毫克维生素B、21.2毫克维生素C等营养素外，还含有一些特殊的营养成分，如秋水仙碱等。这些成分综合作用于人体，不仅具有良好的营养滋补之功，而且还对因秋季气候干燥而引起的多种季节性疾病有一定的防治作用。

二、常见百合种类

1. 卷丹

鳞叶呈长椭圆形，顶端较尖，基部较宽，边缘薄，微波状，常向内卷曲，长2~3.5厘米，宽1~1.5厘米。表面乳白色或淡黄棕色，光滑、半透明，有纵直脉纹3~8条。质硬脆，易折断，断面较平坦，角质样。无臭，味微苦，如图3-1（a）所示。

2. 百合

鳞叶较卷丹品种小，长2~3.5厘米，宽1~1.5厘米，厚0.1~0.3厘米，有脉纹3~8条。表面乳白色或淡黄棕色，有纵直的脉纹3~8条，质硬而脆。易折断，断面平坦，角质样。无臭，味微苦。

（a）卷丹

（b）细叶百合

图3-1　药用百合品种

3. 细叶百合

鳞叶较卷丹小，长2~3.5厘米，宽1~1.5厘米，厚约0.35厘米，色较暗，脉纹不明显。以鳞叶均匀、肉厚、质硬、筋少、色白、味微苦者为佳，如图3-1（b）所示。

三、百合种植方法

（一）百合种球的选购及处理

1. 如何选购健壮的百合种球

在百合种植过程中选择种球是很重要的，最好能挑选抗寒能力较高的品种，在实体店或是网上购买均可（图3-2）。种球的价格较便宜，但注意不要选择多头品种。挑选时宜选择鳞片抱合紧密、色白形正、无损伤、无病虫害的小鳞茎作种。

（a）百合种球

（b）收获的百合鳞茎

图3-2　百合鳞茎

2. 种球的处理

（1）整理

整理［图3-3（a）］百合种球时应将受损的根系剪掉，并剥掉百合根茎的一个防止球茎干燥的纸质覆盖层。

（2）消毒

将百合花种茎用70%甲基托布津或1∶1 000多菌灵溶液浸泡30分钟，这样可以起到消毒杀菌的作用［图3-3（b）］，然后取出在一旁晾晒，晾干后再下种。播种之前最好不要进行阳光照射，放在阴凉的环境中即可。

（a）整理

（b）消毒

图3-3　百合种球的处理

友情提示

球茎越早种植越利于它们的生长。如果不能马上栽培，可将种球放在寒冷、黑暗的环境中（如冰箱，但温度要保持在0 ℃以上），这样做是防止发芽，因为种球一旦发芽，就需要马上种植。一般栽于秋季或初冬以便让其在春天开花。也可在春天栽种，这一时期栽种的球茎将在初夏时绽放，既能观赏，又能食用。

（二）百合种植管理要点

百合种植的管理要点如下所述（图 3-4）。

（a）合适的种植位置

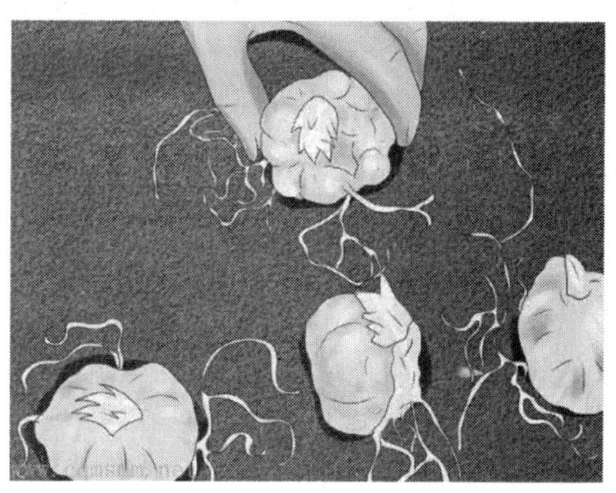

（b）种球处理

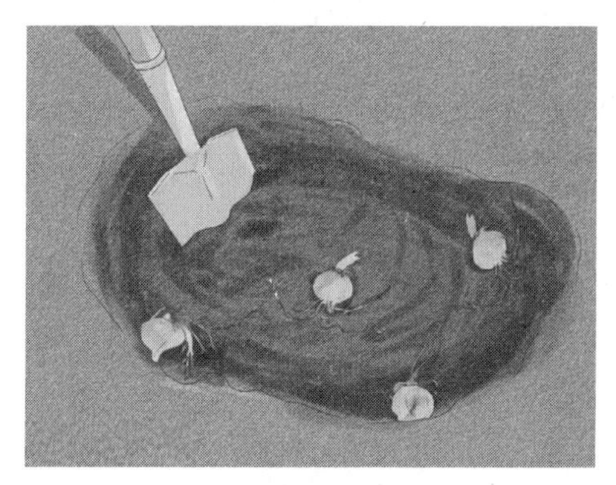

（c）挖穴、播种

（d）覆土

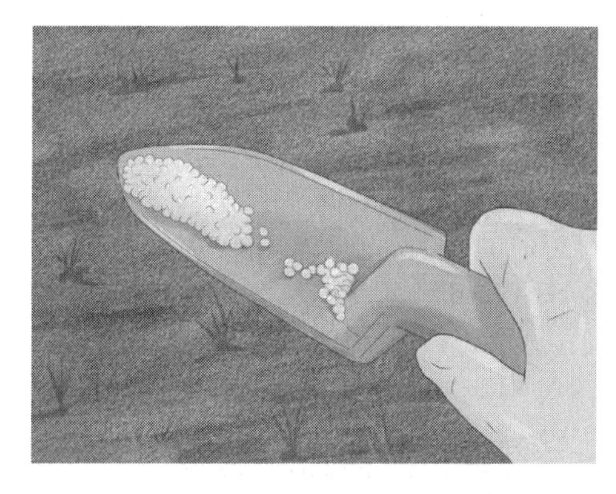

（e）施肥

（f）浇水

图 3-4 庭院种植百合图解

1. 合适的种植位置

理想情况下，应该选择一个排水良好和阳光充足的地方。如果没有好的位置，也可以种植在斜坡上，通过重力将水迅速排干。该位置应在一天中至少有半天日照。过长时间在阴凉处，百合花将明显瘦弱，全天日照是最理想的环境。

百合也可以盆栽，普通大小的圆形阳台种菜盆可以一盆种一棵，大的阳台种菜盆按 15~20 厘米株距种植。

2. 下种

挖一个 8~10 厘米深的穴并将球茎种植其中，这样不仅可以使球茎免受夏天炎热天气的影响，也可为鳞茎提供良好的支撑。在穴底部撒上底肥后再放入种球，每个百合鳞茎要求间隔大约 15 厘米，以得到充足的阳光。

3. 覆土

盖上营养土后立即浇水。如果在寒冷的天气，种植后需覆盖薄膜，以保护新梢。

4. 施肥

当萌芽破土而出时，需加少许均衡的肥料。注意适量施肥，过多的氮会导致弱茎，高温、潮湿的气候也可能导致球茎腐烂，施肥间隔多为 1 个月。

5. 浇水

百合怕涝又怕旱。排水不良，容易生腐烂病，夏季遇到高温少雨，应及时浇水，要保持土壤湿润，不能使其干旱。

友情提示

①在买回百合种球时，需及时种植，因为经过长时间运输后的种球，根系和芽都会受到损伤。

②在添加肥料时，需要用土壤将百合的种球和肥料隔开，百合的根系是不能直接接触肥料的。

③在百合种球浸泡好之后，需要将上面的残留药物清理干净。

④在进行栽种时，填土要微微压实，种球一定要全部掩埋，然后再将顶部的芽露出土面。

四、百合种植注意事项

1. 盆栽种植注意事项

①盆栽种植百合可以选择沙壤土，或者在土中拌入细砂。

②冬季可在盆土上铺一层干草，既能防止霜冻，又能保持盆中水分流失，还能防止土壤板结。

③随着百合的生长，可随时添加土壤。

2. 防治病害的方法

①选无病鳞茎作种，种前鳞茎用新洁尔灭或福尔马林消毒。

②及时疏沟排水，保持通风透光，增强植株抗病力。

③及时清理病叶、病株。

第二讲　紫　苏

紫苏，别名桂荏、白苏、赤苏等，为唇形科一年生草本植物。

紫苏在中国种植应用有近2 000年的历史，主要为药用、油用、香料、食用等方面，其叶（苏叶）、梗（苏梗）、果（苏子）均可入药，嫩叶可生食、做汤，茎叶可腌渍。紫苏经常用来作为鱼、虾、螺、螃蟹等料理的佐料，不仅可以增鲜去腥，还能驱寒气。新鲜紫苏叶可凉拌，干紫苏叶可泡茶（图3-5）。

（a）紫苏拌黄瓜

（b）紫苏茶

图3-5　紫苏食用举例

一、紫苏的营养价值

①紫苏叶味辛、性温，可理气、和营。人们常将紫苏叶用于治疗感冒风寒、恶寒发热、咳嗽、气喘等病症，常配以伍杏仁、前胡等服用，如杏苏散，疗效极佳。若是兼有气滞胸闷者，则可配以伍香附、橙皮等服用，如苏散。

②紫苏叶具行气宽中，可用于治疗脾胃气滞、胸闷呕吐等症，有和胃止呕的神奇功效。偏寒者，每次服用紫苏叶可与藿香同用；偏热者，则可与黄连同用；偏气滞痰结者，则常与半夏、厚朴同用，效果皆佳。

③紫苏叶具行气宽中，可用于治疗脾胃气滞、胸闷呕吐等症，有和胃止呕的神奇功效。

二、常见紫苏种类

1. 皱叶紫苏

皱叶紫苏(图3-6)又称鸡冠紫苏、红紫苏等，特点是叶片大，卵圆形，多皱，有紫色和绿色之分，分枝较多，我国各地栽培较多，其所结种子较少，褐色。

图3-6 常见皱叶紫苏类型

2. 尖叶紫苏

尖叶紫苏(图3-7)又称野生紫苏。北方常在房前、篱边种植，其种子较大，灰色，常作鸟食出售，也有绿色、紫色、正面绿背面紫之分。

图 3-7　常见尖叶紫苏类型

三、紫苏种植方法

种植紫苏最简单的方法是用种子直接播种（图 3-8）。

1. 土壤要求

紫苏植株比较茂盛，一般盆栽种植时以选择直径 20 厘米左右的花盆为宜，盆土用园土、腐熟肥料、复合肥按 16 ∶ 2 ∶ 1

的比例混合，然后再加入少量碳酸钙混合即可。

2. 播种

春、夏、秋三季均可播种，种子埋入湿润的土中，可盖上塑料袋保暖保湿，约 3 天出芽。在庭院的土床种植可采用条播的方法，播种行距为 50 厘米，开沟的深度为 3 厘米，然后再把种子均匀撒在沟里，播种以后用细土盖好，然后再浇水。花盆种植则需在盆土中挖一小穴，撒 3 粒种子，盖上土，再浇水，等待出苗。

3. 水肥管理

夏生紫苏生长旺盛，并且紫苏的分枝能力较强，每株分枝约可达到 25 个，所以在生长期要保证水分充足，并追加速效肥 2~3 次，也可用喷壶向叶片喷洒营养液。

4. 温度光线要求

紫苏是向阳植物，比较耐热，播种后可以把盆移到光线充足的阳台或窗台进行管理，并注意保暖，夏季高温时要注意适当遮阴。

5. 病虫害

紫苏在种植时遇到的病害有白粉病、锈斑病等，可以用白醋、白酒或者大蒜水进行喷洒防治。紫苏因其会散发浓郁的香气，一般不发生虫害。

（a）紫苏种子　（b）种子萌发

（c）幼苗　（d）盆栽

图 3-8　紫苏种植

四、紫苏种植注意事项

紫苏的分枝能力很强，为避免消耗太多养分，应及时摘除新分枝。为了保持旺盛生长，当出现花序时也要及时摘除。

如果想要紫苏开花，可以缩短光照时间以促进花芽分化。待种子成熟割下晒干收集即可。

紫苏梗有药用价值，可在花蕾刚冒出时采收紫苏梗，放在通风阴凉的地方晾晒即可。

第三讲　山　楂

山楂（图 3-9），别名红果子、胭脂果、山里红、猴楂子、海红、山梨等，为蔷薇科植物山楂或野山楂的成熟果实。山楂原产于中国、朝鲜和俄罗斯的西伯利亚地区。山楂多为野生，有南山楂和北山楂之分。南山楂多为野生，果小，味酸涩，以药用为主，分布于长江以南各省；北山楂，果较大，气味香，酸甜适中可口，可鲜食或加工成山楂片、山楂饼等保健食品，主产于山东、辽宁、河北、河南等省。最有名的为山东的红瓤大楂、大金星，辽宁的软核大山楂等品种。

图 3-9　山楂

一、山楂的营养价值

山楂果呈圆形，红色，果汁较少，酸中带甜，既可鲜食，也可药用。山楂可消食积，散瘀血，驱绦虫。治肉积，癥瘕，痰饮，痞满，吞酸，泻痢，肠风，腰痛，疝气，产后儿枕痛，恶露不尽，小儿乳食停滞。消食健胃，行气散瘀。用于肉食积滞、胃脘胀满、泻痢腹痛、瘀血经闭、产后瘀阻、心腹刺痛、疝气疼痛、高脂血症，主要功效如下所述。

1. 防癌、抗癌

近年研究发现，山楂中含有一种名为牡荆素的化合物，具有抗癌的作用。亚硝胺、黄曲霉素均可诱发消化道癌症，而实验研究表明，山楂提取液不仅能阻断亚硝胺的合成，还可抑制黄曲霉素的致癌作用。所以，消化道癌症的高危人群应经常食用山楂，对于已患有癌症的患者，在出现消化不良时也可用山楂、大米一起煮粥食用，这样既可助消化，又可起到辅助抗癌的作用。

2. 强心、降血脂、降血压

临床研究证实，山楂能显著降低血清胆固醇及甘油三酯，有效防治动脉粥样硬化；山楂还能通过增强心肌收缩力、增加心输出量、扩张冠状动脉血管、增加冠脉血流量、降低心肌耗氧量等起到强心和预防心绞痛的作用。此外，山楂中的总黄酮有扩张血管和持久降压的作用。因此，高血脂、高血压及冠心病患者，每日可取生山楂 15~30 克，水煎代茶饮。

3. 治疗痛经、月经不调

中医认为山楂具有活血化瘀的作用，是血瘀型痛经患者的食疗佳品。血瘀型痛经患者常表现为行经第 1~2 天或经前 1~2 天发生小腹疼痛，待经血排出流畅时，疼痛逐渐减轻或消失，且经血颜色暗，伴有血块。患者可取完整带核鲜山楂 1 000 克，洗净后加入适量水，文火熬煮至山楂烂熟，加入红糖 250 克，再熬煮 10 分钟，待其成为稀糊状即可。经前 3~5 天开始服用，每日早晚各食山楂泥 30 毫升，直至经后 3 天停止服用，此为 1 个疗程，连服 3 个疗程即可见效。此法也适于月经不调、中医辨证为血瘀者。

二、常见山楂种类

山楂按照其口味分为酸甜两种，其中酸口山楂较为流行。甜口山楂，外表呈粉红色，个头较小，表面光滑，食之略有甜味。酸口山楂又分为歪把红、大金星、大绵球（红棉球）和普通山楂等品种。

1. 歪把红

顾名思义，歪把红品种的山楂在其果柄处略有凸起，看起来像是果柄歪斜，故而得名。歪把红山楂单果比正常山楂大，是现在市场上冰糖葫芦的主要原料。

2. 大金星

大金星品种的山楂单果比歪把红要大一些，因成熟果实上有小点，故得名大金星。口味特别酸。

3. 大绵球（红棉球）

大绵球品种的山楂单果个头最大，成熟时软绵绵的，酸度适中，食用时基本不做加工，但保存期短。

4. 普通山楂

普通山楂是最早的山楂品种，个头小，果肉较硬，适合入药，是市场上山楂罐头的主要原料。

三、山楂种植方法

山楂树在一些山坡上都能够生长得很好，而且不用打理，只靠天降雨水就能够硕果累累，因此是一种耐旱和耐贫瘠的粗放型管理的果树。

1. 浇水

一般来说，山楂树在年降水量不大的山区也能存活，但是山楂树和其他果树一样，都非常害怕干旱，如果干旱严重会导致山楂树因缺水而枯萎，甚至死亡。所以人们在夏季干旱来临之前，要对其进行浇灌，以补充果树所流失掉的水分。

2. 施肥

山楂树每年要施肥 3~4 次，春季萌芽开始之前就可以进行第一次施肥；山楂结果前期对氮肥需求稍大，可以使用尿素、碳酸氢铵配合少量的磷钾肥给予施肥，可以采取挖沟方式进行。稍大树龄的山楂树可以采取放射状施肥方法，庭院种植数量较少的可以采取环状施肥，即在山楂树周围挖掘一圈宽十几厘米，深 25~45 厘米的沟进行施肥。果期之前施肥要适量地增加磷钾肥的使用量，按照每株果树钾肥的用量一般为硫酸钾 0.2~0.5 千克，并且配施 0.25~0.5 千克的碳酸氢铵和 0.5~1.0 千克的过磷酸钙，如图 3-10 所示。有农家圈肥的也可使用，效果也不错，施肥之后需再进行一次浇水，能够起到让肥料稀释从而使根系吸收的作用。

（a）环状施肥法

（b）放射状施肥法

图 3-10　山楂施肥方法

友情提示

（1）环状施肥法

环状施肥法是在树冠外围稍远处挖一环状沟，沟宽 30~50 厘米，深 20~40 厘米，将肥料施入沟中，与土壤混合后覆盖。此法具有操作简便、经济用肥等优点，适于幼树使用。

（2）放射状施肥法

放射状施肥法是以树干为中心，在树冠投影范围内，射线状地开挖 4~8 条施肥沟，沟宽 20~40 厘米，深 30 厘米左右（基肥稍深，追肥较浅），沟长与树冠半径相近，沟深由冠内向冠外逐渐加深。沟挖好后，将肥料与土壤充分拌匀后填入沟内，然后覆土。每年变更施肥沟的位置，并且随着树冠的不断扩大而逐渐外移。该方法主要适用于长势强、树龄较大的树。

3. 调整

调整主要包括在开花期间对花朵、树木的调整，也包括在刚结果时对幼果量的调整。人们要及时清理那些生长密实的果实以及畸形果实、病虫果，并让剩下的果实发育得更加均衡。只有使养分充分流向好的果子，才有利于果树的丰收，并且使果实养分足够、味道更甜、外观更美。

四、山楂种植注意事项

在春季时，要及时清理果园。因为头年果树采摘后所产生的落叶、残品果实，散落在果园的地面上会使果园显得杂乱不堪，还有剪枝所产生的枝条，这些垃圾不仅妨碍了农户管理果树，而且当这些垃圾堆积过多时，会产生热量，被多种微生物所寄生，从而引发果树的多种疾病。因此，在春季时，要将果树头年遗留的一些烂树叶、枝条全部清理出果园，也可以挖坑深埋，以便给土壤提供肥力。

第四部分

芽苗菜种植

芽苗菜也称活体蔬菜，是无污染、安全、营养的绿色食品，是适合在家庭中种植的菜品，如人们经常食用的豌豆苗、黄豆苗以及花生苗等。但很多人对家庭芽苗菜种植只是听说，却并不知道怎么做，下面将介绍家庭芽苗菜的种植技巧。

第一讲　芽苗菜介绍

芽苗菜也称豆芽，是各种谷类、豆类、树类的种子在黑暗或光照条件下直接生长出可供食用的芽球、幼梢或幼茎，也称“活体蔬菜”“如意菜”。

一、芽苗菜的营养价值

芽苗菜能减少人体内乳酸堆积，消除疲劳，其含有干扰素诱生剂，能诱生干扰素，增加体内抗生素，从而增加体内抗病毒、抗癌肿的能力，并且含有丰富的维生素 C。

二、芽苗菜种类

常见芽苗菜约有 15 科 60 种，部分举例如图 4-1 所示。

（a）豌豆芽苗菜

（b）蚕豆芽苗菜

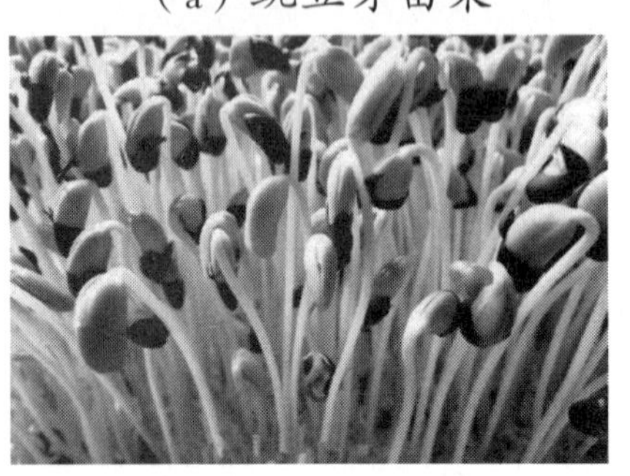

（c）黑豆芽苗菜

（d）松柳芽苗菜

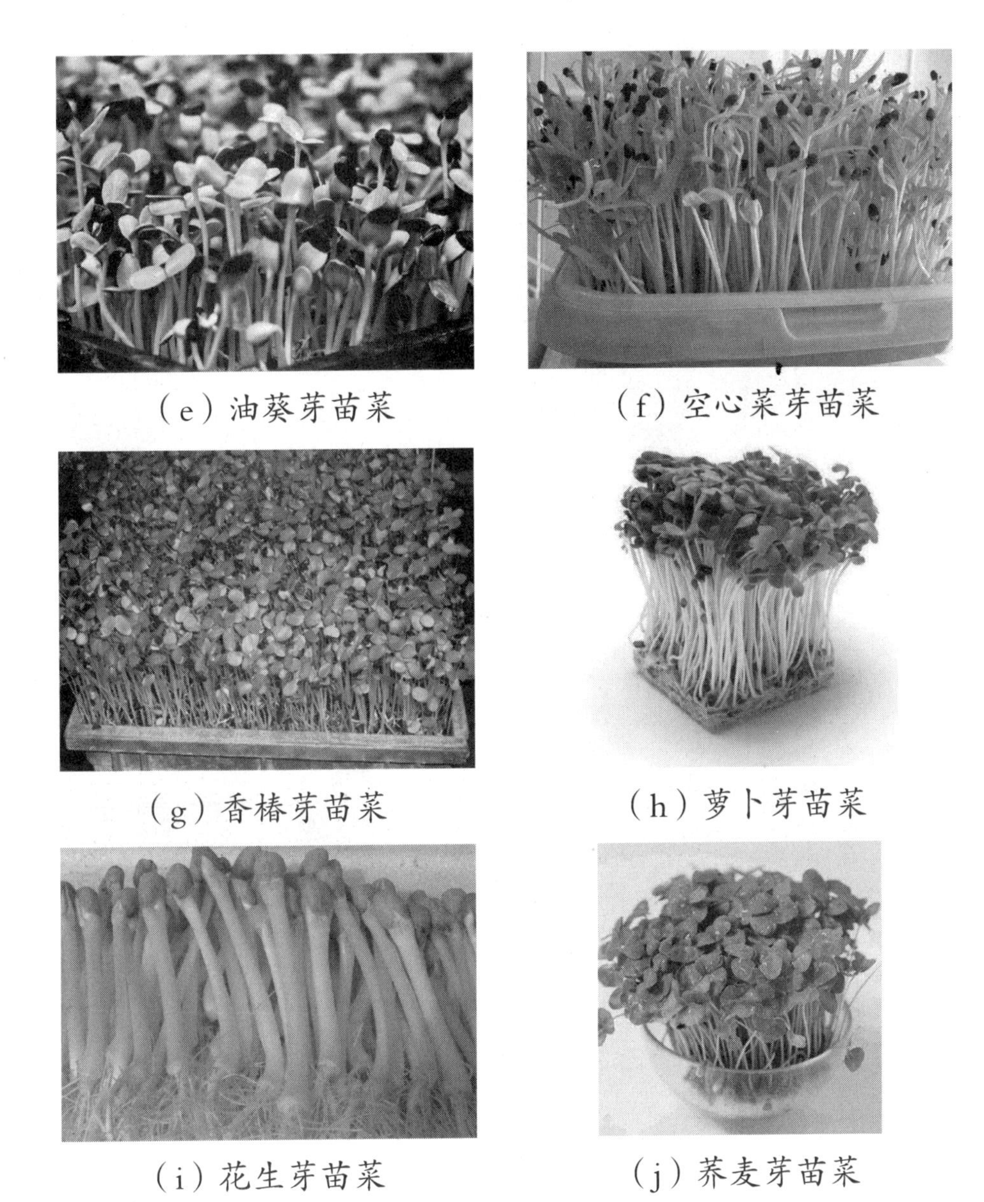

（e）油葵芽苗菜　（f）空心菜芽苗菜

（g）香椿芽苗菜　（h）萝卜芽苗菜

（i）花生芽苗菜　（j）荞麦芽苗菜

图 4-1　芽苗菜举例

三、芽苗菜的种植要求

（一）制作芽苗菜所需用具

制作芽苗菜所需用具主要有种子、发芽盘、育苗纸（或使

用纸巾、纱布）、塑料袋（冬季）、喷壶等（图 4-2）。

（a）种子

（b）发芽盘

（c）育苗纸

（d）喷壶

图 4-2　制作芽苗菜所需工具

（二）种植条件

常见芽苗菜种植条件见表 4-1。

表 4-1　常见芽苗菜种植条件

品种	生长周期 / 小时	浸泡时间 / 小时	温度要求	光照要求	采收 / 厘米
小麦	8~12	夏秋 8 冬春 12	喜温凉	喜光	7~12
豌豆	8~12	夏秋 12 冬春 20	喜温凉	耐弱光	8~15

续表

品种	生长周期 /小时	浸泡时间 /小时	温度 要求	光照 要求	采收/厘米
萝卜	5~7	夏秋 7 冬春 12	喜温热	喜光	6~10
松柳	8~10	夏秋 4 冬春 6	喜温凉	耐弱光	8~15
油葵	8~12	夏秋 15 冬春 20	喜温热	喜光	7~12

第二讲　花生芽苗菜种植

花生芽是花生生芽后产生的一种食疗兼备的食品，也称长寿芽。它能够生吃，而且营养丰富。花生芽的热量、蛋白质和粗脂肪含量居各种蔬菜之首，并富含维生素、钾、钙、铁、锌等矿物质以及人体所需的各种氨基酸和微量元素，被誉为“万寿果芽”。花生芽的食用方法很多，可以凉拌、煎炒、烫煮等，且味道极佳。

1. 选种

红衣或白衣花生适量。

2. 浸种

将选好的花生用清水浸泡 12~24 小时。

3. 催芽

把浸胀清洗后的花生直接装入布袋，也可以放在底部有排水孔的盆内遮阳催芽，并根据气候条件，每天淋水 2~3 次，

2~3 天长出白芽便可以播种了。

4. 播种

以用河沙及沙滩沙为宜，取泡沫箱或胶箱均可，箱底先铺 2~3 厘米厚的沙，铺沙后将花生播入畦面，播种要均匀，疏密有度。种子播匀后用喷水壶适当喷淋一遍清水，再盖厚度为 7~8 厘米的沙，并保持畦面平整，最后用喷水壶喷淋一遍透水。花生芽一般在播种后的 2~3 天不必浇水，3 天后如温度高可酌情补水一次。补水原则是保持沙畦内适当湿度即可，切忌太湿而烂芽。

5. 采收

沙畦里的花生芽长至 5~10 厘米时即可采收。采收后只需将沙洗净，然后剪掉根须即可。

花生芽苗菜种植过程如图 4-3 所示。

友情提示

①花生发芽至 4 厘米左右即可食用，过长则会使口感变差。

②食用时不仅能单吃花生或花生芽，而是可以连芽带花生一起吃。

③如果食用者脾胃较弱，多食花生芽会造成腹胀。

（a）选种　（b）浸种

（c）催芽　（d）播种

（e）采收　（f）收获的花生芽

图 4-3　花生芽苗菜种植过程

第五部分
家庭绿色防治妙招

在阳台种植蔬菜不仅可以起到观赏、食用的作用，还具有净化室内空气、分解室内有害物质、调节空气湿度的作用，可让室内环境变得更舒适。在阳台种植过程中有许多防治的妙招，它们不仅能让我们吃到健康无污染的食品，也能节约种植成本。

第一讲　家庭常见用品的利用

家庭无污染防病治虫小窍门如下所述。

（一）食醋

在阳台蔬菜和花卉种植中，特别是生长不良的蔬菜和花卉，食醋有着不可低估的作用。食醋含有糖、葡萄糖、乳酸、醋酸等有益物质，且其溶液可抑制“光呼吸”过程中乙醇酸氧化酶的生物活性，提高净光合率 10%~20%，从而增强光合作用，提高叶绿素含量，增强植物的抗病能力，适量喷洒食醋溶液，可使植物长势旺、花多、色艳。

1. 喷施法

（1）治疗黄化病

许多盆栽蔬菜或叶花卉，往往会因缺乏铁元素、盆土 pH 值过高、管理不当等引起叶子发黄，这时可用 10 克食醋加清水 3 千克（300 倍食醋溶液），于上午 10 时前、下午 4 时后喷洒于植物叶面。每 10 天一次，连喷 4~5 次便可使其由黄变绿。

（2）促进植株生长

用 300 倍食醋溶液，在花孕蕾前喷洒全株，每 15 天喷一次，可使叶片增大 0.2~0.4 厘米，使花量增加 8%，分枝增加 20%。用 150~2 000 倍的食醋溶液浇灌植物，可克服因盆土 pH 值偏碱性而引起的生理病害。

（3）增强抗病性

如发现白粉病、黑斑病等，可用 150 倍食醋液喷洒 3 次，便可有效控制病情。对霜霉病、叶斑病等，喷洒食醋也有一定的治疗作用。

（4）防治病毒病

茄果类蔬菜定植后，喷洒300倍食醋溶液，可防治病毒病。

（5）注意事项

①必须选用品质良好的食醋，切忌用化学工业用醋及腐败变质的食醋。

②浓度必须严格掌握，不得随意加大。

③一般在早晨和傍晚喷洒，切忌不要在酷热的阳光下喷施。

2. 擦叶法

用稀释100倍的食醋（米醋）50毫升，将棉球在食醋内浸湿后，再用蘸有食醋的棉球在花木的叶子上轻轻擦拭，既可将介壳虫揩掸杀灭，又能使曾被介壳虫损伤的叶子重新返绿光亮。

（二）酒精

1. 喷施法

取35° 的白酒若干毫升，按1 ：1 000的比例，兑水稀释白酒原液。然后灌入手动喷雾器中，对病株进行喷洒。喷洒用量以白色锈状物被冲洗干净为准。这种防治方法效果明显，一旦病株上的锈状物被冲洗掉之后，便不会再发生白粉病。

喷施法可用在南瓜、茄子、黄瓜等蔬菜生产中，以防治白粉病，特别是像草莓之类的对药剂敏感的作物，喷洒白酒稀释液是最为合适的，它不仅可以作为防治剂，还可以作为营养保护剂。

2. 擦叶法

用酒精轻轻地反复擦拭受介壳虫危害的叶面，就能把介壳虫除掉，即使肉眼看不到的幼虫，也能彻底杀灭。

（三）小苏打

小苏打可防治蔬菜的白粉病、炭疽病、霜霉病等病害，尤其是对大白菜、黄瓜的白粉病、炭疽病、霜霉病、豇豆煤霉病的防治效果最佳。

1. 植株喷施

用浓度 0.2%~0.5% 的小苏打溶液向蔬菜上均匀喷洒，一般在黄瓜炭疽病、白粉病及豇豆煤霉病等蔬菜病害发生初期喷雾 1 次即可，效果不显著时，可隔日再喷 1 次。

2. 种子处理

用 0.2% 的小苏打水溶液浸泡茄果类蔬菜种子 30 分钟后捞出，用清水清洗后进行催芽播种，可以防治茄果类蔬菜炭疽病、灰霉病等。

（四）其他常用方法

1. 草木灰浸泡法

用草木灰 500 克，兑水 2.5 千克，浸泡一昼夜，滤去杂质后，用滤清液喷洒受害的植株，可有效杀死蚜虫。

2. 碘酒涂抹法

如遇木本花卉的主干腐烂，可先将腐烂部分全部刮除，深达木质部，然后涂抹碘酒，隔 7~10 天再涂抹一次，不仅可以彻底治愈根部腐烂，且时间一长，主干斑瘤突出，愈显出苍古之风，别具风趣。

3. 洗衣粉溶液喷施法

洗衣粉溶液喷施法的具体配制方法是用1克洗衣粉加水100~180克后调匀。每周喷洒一次，连续喷2~3次就可控制介壳虫、蚜虫危害。但需注意，要选用中性洗衣粉，若发现嫩叶有灼伤现象，可及时喷些清水将残液冲洗掉。

4. 樟脑丸埋入法

将2粒樟脑丸缝入小布袋中，埋入花木根部，可防天牛等蛀干害虫。

5. 风油精喷雾法

将风油精稀释600~800倍以雾状喷洒，可防治蚜虫、红蜘蛛、介壳虫若虫和蛾蝶类幼虫等，防虫效果可达90%。

6. 糖醋溶液喷施法

用2克食糖、3克食醋、95克清水混合液对盆花进行喷施，可杀死多种害虫和病菌。

第二讲　自制植物性农药

一些树叶含有生物碱及毒素，将这些植物的茎叶经过简单加工而制成的植物性农药，是防病治虫的好农药。利用它们防病治虫，成本低、无污染、效果好，既能灭虫除病，又对人、畜安全，值得在广大家庭推广使用。

一、防病

1. 大蒜水

将大蒜1千克捣烂，加水10千克，搅拌后过滤，喷洒或灌根，能抑制瘟病、棉花立枯病、锈病和马铃薯软腐病。

2. 侧柏汁

将侧柏叶捣烂后加等量水，然后榨出汁液，再加水10倍，配制成喷洒液，对防治锈病有明显效果。侧柏液的2倍水溶液可防治蚜虫。

二、治虫

1. 蓖麻叶

将干蓖麻叶碾成细粉，按一定比例拌入土杂肥撒施到地里，可防治蛴螬、蝼蛄和地老虎等地下害虫的危害。按1千克蓖麻叶粉加水16~20千克浸泡，用水壶灌注，可防治葱、韭菜、大蒜、萝卜、白菜的地蛆、菜青虫、食叶甲等。

2. 桑叶合剂

鲜桑叶1千克，加水5千克煮沸1小时，过滤即成。然后加4倍量水喷雾，可防治红蜘蛛。

3. 马尾松液

用5千克马尾松针加开水5千克，密闭浸泡2小时后过滤喷洒，可防治稻叶蝉、稻飞虱。松针的30倍水浸液，可抑制马铃薯发芽。

4. 臭椿叶浸出液

用臭椿鲜叶 1 千克，加水 3 千克，浸泡 2 天后取浸出液，可直接喷雾防治蔬菜蚜虫、菜青虫等害虫。

5. 烟草粉

将烟草磨成细粉，每千克加入 3~6 千克草木灰或高岭土混合均匀，在清晨露水未干前喷洒，可防治蚜虫、叶、蟑、潜叶蛾、茶毛虫等害虫。

6. 鱼藤液

用鱼藤粉 1 千克，加水 300~600 千克，制成悬浮液喷雾，可防治桃蚜、柑橘木虱等害虫；用鱼藤粉 1 千克、中性皂 0.5 千克、水 200 千克，浸泡后喷雾，可防治茶毛虫及果树上的害虫。调制时，先将鱼藤粉装入布袋中，再浸入水内慢慢揉搓，然后将药粉倒在水中，加入中性皂，搅拌均匀后即可喷洒。

7. 马鞭草液

用马鞭草 (狗尾草) 加半倍水捣烂，取原液，加水 3 倍，再加 0.1% 的中性肥皂液喷洒，防治蚜虫效果较好。

8. 艾蒿鲜草液

将艾蒿切碎加 10 倍水煮半小时，冷却后喷洒，可防治棉蚜、红蜘蛛、菜青虫等害虫。

9. 苦楝叶合剂液

取苦楝鲜叶 1 千克，车前草、菖蒲各 0.5 千克，切细加水 15 千克，熬成青灰色即成。每千克原液加水 5 千克，再加洗衣粉 3 克，可防治鳞翅目、鞘翅目害虫的成虫和幼虫对蔬菜、果树等作物的危害。

10. 蔬菜液

用辣椒丝(或辣椒面)35克，加水1千克，煮沸，用冷却滤清液喷雾，防治蚜虫等害虫的效果极佳。将洋葱头捣烂取汁，加一半水稀释喷2~3次，可防治蚜虫。将韭菜捣烂，加6倍水搅拌均匀，用滤液每天喷洒一次，亦可防治蚜虫。将番茄叶加少量清水捣烂，榨取原液，然后以3份原液2份清水的比例混合，加少量肥皂液喷洒，杀灭红蜘蛛的效果极好。

11. 枫杨液

取枫杨叶0.5千克捣烂，加水50千克，取滤液喷洒，能防治蚜虫、叶蝉、飞虱等害虫。或采集80~100千克枫杨鲜叶，捣烂后给菜地或苗圃深施，能防治地老虎、蝼蛄等地下害虫。

12. 中国梧桐叶

将中国梧桐叶耕埋在土中或花盆土中，可以趋避金龟子、蝼蛄等地下害虫和蝇类。

友情提示

一些植物的浸提液还可以作为天然果蔬保鲜剂，如用大蒜水、橘皮水、良姜蒸液等处理番茄、苹果、橙子、草莓等，具有较好的保鲜作用，可以延长贮藏时间。

第三讲　家庭自制健康肥

在日常生活中，许多阳台种植爱好者常常为肥料而发愁。其实，可以用来作肥料的物品很多，许多废弃物经发酵剂发酵后都是植物生长的好肥料，所以人们可利用厨房下脚料来制取高质量肥料。这些自制的肥料含有多种营养元素和丰富的有机质，肥效温和持久，还可改良土壤，使土壤形成团粒结构，并调整土壤中的空气和水，对植物的生长发育极其有利。既能解决环保问题，又能使其增值利用。

一、食物残渣利用

1. 豆渣肥

豆渣是种菜养花的上乘肥料，无碱性，虽是磨浆取汁后的残渣，但仍含有部分蛋白质、多种维生素和碳水化合物等，经过人工处理，适合促进植物生长。

（1）作用

豆渣发酵有机肥的作用如下所述。

①产生多种酶，抑制重茬病、根结线虫病、枯萎病、青枯病和疫病等多种土壤病害。

②含有的高效有益微生物菌群持续不断活动，能活化空气中的氮素，分解释放难溶的磷钾养分，补充土壤有机质，缓慢释放作物生长所需的营养要素。

③改善土壤物理性，使土壤保持松软，耕作容易，促成土壤团粒结构，增加土壤孔隙，促进根群生长。增加土壤保水、保肥能力，减少淋洗损失。

④绿色环保，提高肥效。豆渣发酵的有机肥无毒副作用，对作物和土壤环境安全，与无机化肥混用还能大大提高化肥的使用效率，节约成本。

⑤强根壮苗，防病抗病。有益微生物的大量繁殖可向外界分泌激素、多糖等代谢产物，抑制土壤病原菌的滋生，从而促进作物根系旺盛生长，减少各种病害发生蔓延。

（2）发酵方法

①掺土腐熟。将湿豆渣和干黄土以 2 ∶ 1 或 1 ∶ 1 的比例拌匀，性状为手可捏成团，轻敲可散开；然后放在花盆中用塑料袋封口，发酵约一个月即可。

②加水发酵。将不用的空油桶清洗干净，再把过滤出来的豆渣加入一些水倒入空油桶，水量最好少于油桶的 1/3，然后放入一些橘子皮（防臭），最后盖上盖子，放在阴凉的地方。需要注意的是：此种方法不会长虫，也不会散发臭味，但需隔段时间打开盖子，以排掉里面的空气。放置 3 个月以上后，油桶里的豆渣便变成深色的肥水了。这时才可以用肥水兑上清水淋浇到菜地或果树上。水和肥水的比例为 1 ∶ 10，注意肥水不要太浓，以免肥力过大，并做到少量多施。

2. 中药渣肥

中药煎煮后的剩渣是一种很好的肥料。因为中药大多是植物的根、茎、叶、花、实、皮，以及动物的肢体、脏器、外壳，还有部分矿物质，含有丰富的有机物和无机物，是一种既干净，又养分高的肥料。拌在盆土的表面，能改良盆土，保持盆土的湿润。如果浸泡沤制成腐熟的肥水或堆沤成肥，则肥效更佳。发酵方法如下所述。

（1）处理药渣

将药渣粉碎后发酵更好（细度小于 0.2 毫米），因为粉碎可有利于快速发酵，大大节省发酵时间。如不便或不能粉碎，也应设法使其破碎，药渣长度一般应控制在 0.5~1 厘米，太长则会导致发酵时间变长。

（2）调节水分

药渣的水分含量原则上要控制在 55%~65%，判断方法是：手抓一把药渣，见水印不滴水，落地即散为宜。水少发酵慢，水多通气差，还会导致“腐败菌”工作而产生臭味。如果药渣是干的，应提前一天加水预湿。

（3）稀释菌种

将基质发酵剂按 1 ： 5 以上的比例（1 ： 10 以上更好）加玉米粉或麸皮米糠，不加水干稀释菌种备用。

（4）配料与撒菌种

药渣 60%~70%，牛粪 30%~40%（可用 20%~30% 的鸡粪或猪粪代替，也可用 1 千克的尿素代替 100 千克的粪便），并根据情况适当调整变更。牛粪与药渣尽量混匀。一边混料，一边撒菌种（预先干稀释好的发酵剂）。

（5）建堆、防雨淋

物料堆要建在通风透气的地方，并且注意物料堆上不能用塑料薄膜覆盖，为防下雨，最好撑一个简易篷（至少高于物料堆 1 米以上），既通风透气，又防雨。

（6）翻动

在正常情况下，发酵处理开始后，经 5~10 天发酵，温度可达 60~65 ℃，此时应该翻动物料，以后每周可翻 1~2 次，并且注意通风透气。

（7）补水

后期因水分不断蒸发，应注意及时补水。

（8）发酵完成

物料呈黑色或黑褐色，一拉或一捏即碎，略有氨味、酒味或泥土味，无任何臭味，温度自然逐步降低至 35~40 ℃或以下，发酵基本完成，总发酵时间一般为 25~30 天。此后可摊开物料堆，冷却晾干即可。

3. 蛋壳肥

将鸡蛋壳内的蛋清洗净，在太阳下晒干、捣碎，再放入碾钵中碾成粉末。可按 1 份鸡蛋壳粉 3 份盆土的比例混合拌匀，上盆栽培花卉。蛋壳肥也是一种长效的磷肥，一般在栽植后的浇水过程中，有效成分就会析出，被植物吸收利用。利用鸡蛋壳粉栽植植物后，开出的花大且色艳，结出的果大且饱满，是一种完全有机磷肥。

二、食物及过期食物的利用

1. 啤酒

啤酒含有大量的二氧化碳，而二氧化碳又是各种植物进行新陈代谢不可缺少的物质，而且啤酒中含有糖、蛋白质、氨基酸和磷酸盐等营养物质，有益于植物生长。

（1）随水浇肥

用适量的啤酒浇灌，可使植物生长旺盛，叶绿花艳。这种做法不仅可使植物得到充足的养分，而且吸收得特别快。具体方法是用水和啤酒按 1 ： 50 的比例均匀混合后使用。

（2）喷洒叶片

将水和啤酒按 1 ： 10 的比例均匀混合后喷洒叶片，同样能收到根外施肥的效果。

2. 葡萄糖

将过期的葡萄糖捣碎，撒入花盆土四周，3 日后黄叶变绿，长势旺盛，此法适用于叶菜类蔬菜。

三、大量元素肥的制作

1. 氮肥的制作

氮肥是促进花卉根、茎、叶生长的主要肥料。将霉蛀而不能食用的豆类、花生、瓜子、蓖麻，拣剩下来的菜叶、豆壳、瓜果皮或鸽粪及过期变质的奶粉等敲碎煮烂，放在小坛子里加满水，再密封起来发酵腐熟（有条件可喷些杀虫剂）。为让其尽快腐熟，可放置在太阳直接照射处，以增加温度。当坛内的这些物质全部下沉，水发黑、无臭味时（3~6 个月），说明已发酵腐熟。在夏季，10 天后即可取出上层肥水兑水使用，可作追肥或直接用作基肥，用后随即加满水再沤，原料渣也可混入花土中。

2. 磷肥的制作

把鱼肚肠、禽类粪、肉骨头、鱼骨刺、鱼鳞、蟹壳、虾壳、毛发、指甲、牲畜蹄角等倒入缸内并加入适量金宝贝发酵剂（厌氧型）后加入少量水，湿度保持在 60%~70%，密封，经过一段时间的腐烂发酵便可掺水使用，是很好的盆花基肥。如果再经过泡制和发酵，就制成了含磷丰富的花肥。牲畜内脏、蛋壳、抽油烟机储油盒中的废油等是富含磷质的杂物，将这些杂物弄碎后均匀地搅拌在花土里，或将其放在容器内发酵后便成了理想的磷肥。用来兑水浇花，会使花卉色艳、光亮、果实丰满，且肥效可持续 2 年以上。

3. 钾肥的制作

残茶水、淘米水、泔水（最好用金宝贝发酵剂发酵后施用）、草木灰水、洗牛奶瓶水等都是上好的钾肥，可直接用来浇花。因其都含有一定的氮、磷、钾等营养成分，用来浇灌花木，既能保持土质，又能给植物增添肥料，促使根系发达，枝繁叶茂。草木灰含有钾肥，可做基肥。钾肥对提高花卉抗倒伏和抵抗病虫害的能力有显著效果。

第四讲　盆栽果蔬蚜虫绿色防治方法

家庭盆栽果蔬常遭受蚜虫的危害，蚜虫小且多，防治较为困难，现介绍几种绿色环保的方法。

1. 黄板诱杀法

选用长20厘米、宽15厘米的硬纸板或木板一块，上贴黄纸，然后在黄纸上涂一层黄油，制成诱杀板，或直接购买昆虫诱杀板。将诱杀板插在花盆间，利用蚜虫对黄色的趋性，将蚜虫粘在诱杀板上，以达到消灭蚜虫的目的。

图5-1　昆虫诱杀板

2. 喷洒白酒法

选用45°以上的白酒，不需兑水，直接用小喷雾器将其喷洒在有蚜虫的花卉上，每天早晚各喷一次，连喷3天，可基本消灭蚜虫。

3. 尿洗合剂法

按1 ∶ 4 ∶ 400的比例将尿素、洗衣粉、清水充分混匀，配制成尿洗合剂，再用小喷雾器将其喷于花卉上，每天下午 5 点以后进行喷洒，连喷 2~3 天，可有效防治蚜虫。

4. 草木灰滤液法

取 1 千克草木灰加水 5 千克，浸泡 24 小时，取滤液喷洒，可有效防治蚜虫。

5. 韭菜防虫法

用新鲜韭菜 1 千克加少量水，捣烂后榨取韭菜汁液，每千克原汁加水 6 千克进行喷雾，可防虫，同时可兼治白粉病。

6. 大蒜制剂法

取新鲜大蒜 1 千克加水适量捣成蒜泥，榨取大蒜汁液，然后将 1 千克大蒜原汁加水 10 千克进行喷雾，对蚜虫有较好的防治效果。

7. 蓖麻叶浸泡法

取鲜蓖麻叶 1 千克加水 2 千克，浸泡 24 小时，然后煮 10 分钟，取滤液，再加 2 倍的水进行喷雾，连喷 2~3 次可有效控制蚜虫为害。

8. 烟草治虫法

用干制烟叶 1 千克加水 20 千克，浸泡 24 小时，过滤后喷洒。也可将烟杆切碎加水，浸泡 48 小时，过滤喷洒。对花卉蚜虫有较好的杀伤作用。

9. 柳叶防治法

新鲜柳树叶加适量的水，充分捣烂，加入 3 倍的水浸泡 48 小时或煮 30 分钟，过滤后喷洒，对花卉蚜虫有防治效果。

参考文献

［1］郭君平，夏英，薛桂霞，等．日本蔬菜产业发展及其启示［J］．中国蔬菜，2019（11）：1-5.

［2］农村农业部 .2017 年全国各地蔬菜、瓜果(西瓜、甜瓜、草莓等)、马铃薯播种面积和产量［J］．中国蔬菜，2019（11）：22.

［3］何梓群，刘雷，顾兴国，等．杭州市屋顶农场作物资源调查及发展对策［J］．浙江农业科学，2019，60（11）：2135-2137.

［4］侯喜林，张昌伟，吕善武，等．叶用蔬菜走进千家万户的阳台大有可为［J］．长江蔬菜，2019（18）：23-25.

［5］谢国梅．刍议观赏性蔬菜在家庭园艺中的应用［J］．农业与技术，2019，39（17）：146-147.

［6］张蓉艳，欧阳春荣，何江勤，等．加快于都蔬菜产业升级发展的思考与对策［J］．现代园艺，2019，42（17）：44-45.

［7］于博奎，王潜，李晓宏，等．家庭果树盆景的研究现状及展望［J］．农业工程技术，2019，39（19）：74-78.

［8］万子睦，钟冬升．庭院果树栽培技术［J］．湖南农业，

2019（6）:13.

［9］张颖，彭爱华，路玉祥．淮阳县庭院绿化与美丽乡村建设探讨［J］．现代农业科技，2019（3）：141-142.

［10］张凤英．观赏果树在园林绿化中的应用［J］．江西农业，2018（7）：75.

［11］曲松．庭院果树园艺价值及栽培技术［J］．现代农业科技，2018（7）：189，191.

［12］甘钰年．果树在园林绿化建设中的应用探讨［J］．绿色科技，2018（3）：43，45.

［13］李宇洁，田曦，王雅琳，等．几种“观食两用”保健蔬菜的室内种植方法［J］．南方农业，2018（18）：60-61.

［14］李玉华，唐沙沙，刘红．几种药食两用野菜中16种元素的含量测评［J］．微量元素与健康研究，2014（4）：40-42.

［15］刘刚．在蔬菜病虫害防治中绿色防控的使用研究［J］．农家参谋，2019（15）：40.

［16］薛志霞．无公害蔬菜种植技术及病虫害防治措施［J］．种子科技，2019，37（4）：70.

［17］夏立凤．绿色无公害蔬菜种植与管理技术探究［J］．农业与技术，2018，38（20）：82.

［18］徐赵成．“三诱一生”绿色防控技术在蔬菜病虫害防治上的应用［J］．江西农业，2018（17）：22.